생화학 및 분자생물학 실험서

원핵세포 유전자 클로닝 입문

성문희 · 곽미선 · 이인형 · 박용철 · 오상택 · 이영석 · 서주헌 · 조현열 · 곽수량

국민대학교 출판부
KOOKMIN UNIVERSITY PRESS

머리말

21세기에 들어 다양한 학문이 융·복합되어 새로운 통섭의 학문으로 발전하고 있어 융합학문의 기초를 다지는 것이 우선되어야 한다. 현재 우리 사회에서 가장 영향력을 미치는 학문분야는 인류의 생명과 건강을 다루는 생명과학이라고 해도 과언이 아닐 것이다. 다양한 생명체의 생명원리를 이용하여 인류의 복지와 생명유지를 위한 생명과학기술이 다양한 학문분야와 연계되어 발전하고 있다. 이와 같이 첨단의 생명과학을 이해하고 발전시키기 위해서는 생명과학의 기초가 되는 생명체의 생명현상을 생화학 및 분자생물학의 관점에서 이해하고, 이를 연구할 수 있는 실험적 기반과 토대를 갖추어야 한다. 본 실험서에서는 생명체의 생명현상을 생화학 및 분자생물학의 관점에서 직접적으로 이해하기 위하여 생명체의 가장 기본 단위인 원핵세포(원핵 미생물) 유전자를 대상으로 한 유전자 조작 실험과 유전자의 클로닝을 다루고, 유전자 클로닝을 통하여 만들어진 재조합 단백질의 생화학적 특성실험을 다루고자 한다. 본 실험서를 통하여 생명과학과 관련된 기초 및 응용 실험능력을 배양하고 바이오 및 발효융합 전문인력의 양성을 목표로 한다.

CONTENTS

머리말

01 생화학 및 분자생물학 실험의 개요

02 생화학 및 분자생물학 실험: 원핵세포 유전자 클로닝

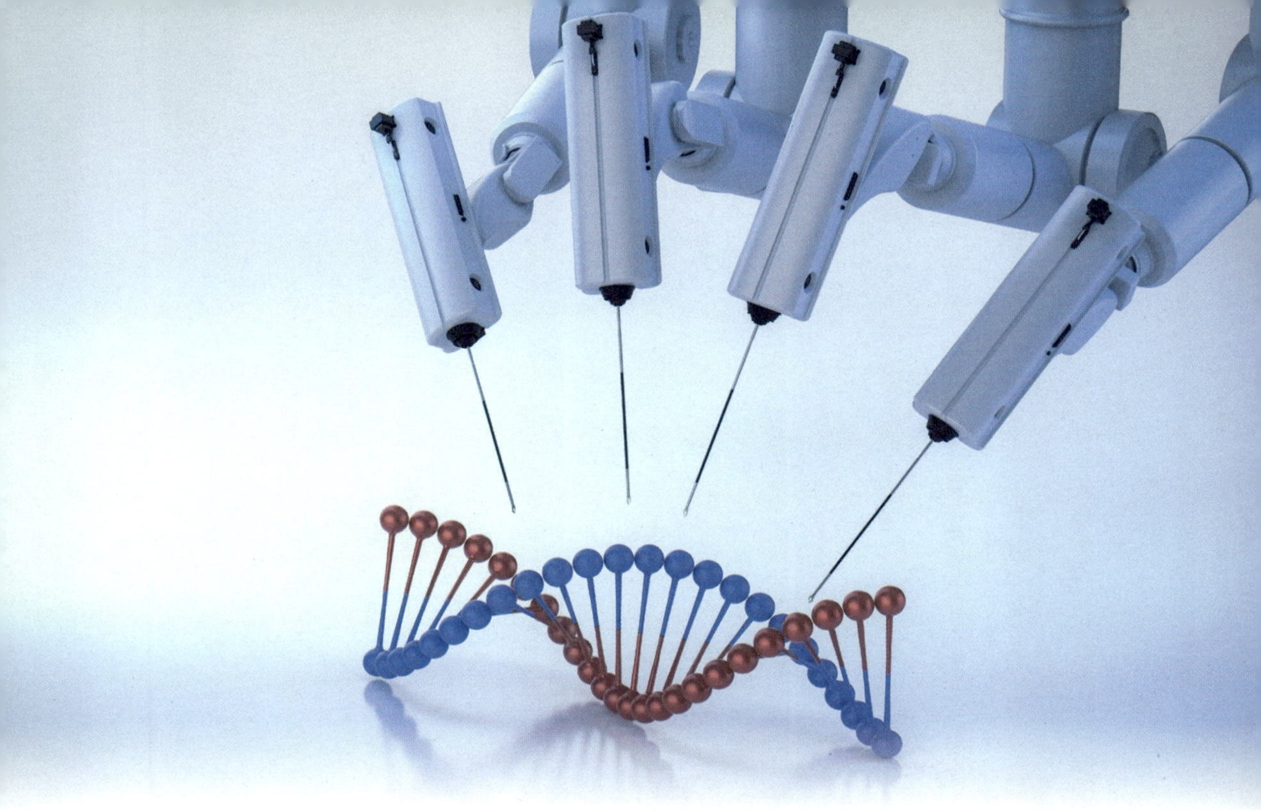

03 재조합 단백질 실험: 단백질(효소)의 정제 및 특성

01

생화학 및 분자생물학 실험의 개요

1. 실험 및 실험실에서의 주의사항

2. 실험보고서 작성

제1장

생화학 및 분자생물학 실험의 개요

1 실험 및 실험실에서의 주의사항

실험을 진행할 때 실험실에서 지켜야 할 안전수칙을 지켜야 하고, 여러 가지 위험요인들에 대한 사전 지식과 사고 발생시 취해야할 방법을 충분히 숙지한 후 실험에 임해야 한다. 실험을 할 때 지켜야할 사항은 다음과 같다.

1. 실험실의 안전수칙 및 청결

- 실험실을 청결히 유지하여야 한다. 생화학 및 분자생물학 관련 실험은 정교하고 정밀한 실험으로 사용 시약의 종류가 다양하고, 미량의 시약을 사용하는 경우가 많으므로 작은 실수나 오염에도 예측할 수 없는 결과를 초래하기 때문에, 실험실은 항상 청결히 유지하는 것이 중요하다.
- 실험실에서는 실험복을 착용하도록 한다. 또한 실험할 때는 긴 넥타이, 솜털옷, 길게 늘어진 옷 등 오염되기 쉽고 불이 붙기 쉬운 옷은 가급적 피하고 행동하기 편한 옷차림이 바람직하다. 실험실 밖에서는 실험복을 입지 않는다. 실험복은 부식성 및 감염성 물질을 막아주므로 이러한 물질이 외부에 노출되지 않도록 주의한다.
- 실험대는 항상 깨끗이 정리한다. 이는 시약병 및 실험도구 등이 넘어지거나 시약 등이 섞여 폭발 또는 인화되어 큰 사고가 일어날 수 있기 때문이다. 폭발성이 있는 위험한 실험은 눈 보호를 위한 안경을 준비해 놓는 것이 좋다.
- 발가락이 노출되는 신발은 피한다. 위험한 화학약품 등이 발에 떨어질 수 있으므로 발가락이 노출되는 신발의 착용을 금한다.

- 실험실내의 소화장비, 비상 샤워시설, 및 비상 세안설비 등의 안전시설의 위치와 사용방법을 숙지하고 있어야 한다.
- 시약 확인을 위해 시약병에 코를 가까이 대는 일은 매우 위험하므로 주의한다.
- 실험실에서는 흡연이나 식사를 금한다.
- 실험이 끝나면 사용하였던 시약과 실험기구는 제자리에 정리하고, 실험실을 청소한다.

2. 실험자재의 관리

- 실험실의 기자재는 목적에 맞게 사용하며, 사용 후 청결히 정리 및 보관한다.
- 초자기구는 깨지지 않게 주의하여 사용하고, 실험 후 세척 및 건조하여 보관한다.
- 초자기구의 세척은 브러시 등을 이용하여 중성세제로 세척하고, 수돗물로 충분히 세척 후, 증류수로 다시 헹군다. 세척이 끝난 초자기구는 건조기에서 완전 건조 후 보관대에 넣어 보관한다.

3. 폐기물 관리

- 실험과정에서 발생되는 파손된 초자기구, 시약용기, 플라스틱 기구, 및 종이류 등은 각각의 폐기물 수집 용기에 수집하여 처리한다.
- 폐액은 유기폐액, 산 폐액, 알칼리 폐액 및 폐수 등으로 나누어 수집한 후 처리하도록 한다.

4. 저울 사용 시 주의사항

- 저울 주위는 항상 청결을 유지한다.
- 저울은 수평하게 설치하고, 칭량 전에 보정한다.
- 유산지는 저울 주변에 닿지 않도록 주의하고 저울 중앙에 놓고 칭량한다.
- 칭량하고 남은 시약은 폐기한다.
- 칭량값을 읽을 때에는 저울 문을 닫고 저울이 안정화된 후에 읽는다.

2 실험보고서 작성

실험의 과정 및 결과는 정확하고 상세하게 기록하고 실험결과에 대한 고찰 및 검토 후 반드시 실험보고서를 작성하도록 한다. 실험보고서의 작성요령은 일반 과학논문과 비슷하다. 작성 순서는 아래와 같다.

1. 실험날짜 (Date)

- 실험한 날짜 및 날씨, 온도, 습도 등 주변상황을 기록한다.

2. 실험제목 (Title)

- 실험주제를 간결하게 기록한다.

3. 개요 (Introduction)

- 실험의 학문적 배경과 목적을 간결하게 기록하고, 본 실험의 이론적 원리를 소개한다.

4. 실험재료 및 방법 (Materials & Methods)

- 사용 기기, 시약, 실험순서 등을 구체적으로 기술한다.

5. 실험결과(Results)

- 결과는 정확하게 관찰된 것을 상세하게 기록한다.
- 표, 사진, 그래프 등을 이용하여 한눈에 알아볼 수 있도록 정리한다.

6. 고찰 (Discussion)

- 실험결과를 간단히 요약한 후, 그 실험결과가 가지는 의미를 명료하게 기술한다.
- 그 결과가 기존의 결과와 상충할 경우, 그러한 결과를 얻게 된 원인이 무엇인지 지적하고 해결방안을 모색한다.

• 수업 중 궁금했던 부분이나 새롭게 알게 된 사실을 정리하여 기록한다.

7. 참고문헌 (References)

• 참고한 문헌을 저자명, 논문제목 또는 서명, 잡지명, 권, 페이지, 발행년도 순으로 기재한다.

• 예 : Jung, J.Y.; Lee, S.H.; Jeon, C.O. Kimchi microflora: History, current status, and perspectives for industrial kimchi production. Appl. Miclobiol. Biotechnol. 2014, 98, 2385 – 2393.

02

생화학 및 분자생물학 실험 : 원핵세포 유전자 클로닝

제 2장

생화학 및 분자생물학 실험 : 원핵세포 유전자 클로닝

실험 1 배지 만들기 및 원핵 미생물의 배양

1. 실험의 목적

원핵 미생물의 생육조건과 사용목적에 맞는 배지를 제조하고 미생물을 배양한다.

2. 실험의 원리

(1) 배지 (Medium, 복수 Media)

1) 배지

- 미생물의 성장에 필요한 영양분과 수분 공급 및 미생물 성장에 적합한 물리화학적인 환경요인 (pH와 염농도)을 충족시켜 줄 수 있는 물질이다.

2) 구성 성분에 따른 배지의 분류

- 천연배지 (Nutural medium)는 동식물에서 추출한 재료를 그대로 이용한 배지이다.
- 합성배지 (Synthetic medium)는 인공적으로 각종 영양소를 조합하여 만든 배지이다.

3) 고형화 정도에 따른 배지의 분류

- 액체배지 (Broth, Liquid medium)는 미생물의 생화학적인 특성 연구, 생성물질 분리, 및 대량 배양 등에 이용한다.
- 고체배지 (Solid medium)는 액체배지에 아가(agar)를 첨가하여 고형화시킨 배지로 colony 형성을 통한 미생물의 순수 분리에 이용한다.

(2) 멸균(Sterilization)

1) 멸균의 목적

- 실험실의 시약, 초자류, 물, 및 공기 등에 다양한 미생물들이 존재하고 있으며 이것

들이 배지에 오염된다면 실험하고자 하는 미생물에 의한 결과를 얻을 수 없다. 따라서 배지는 실험하고자 하는 미생물을 접종하기 전 배지 내의 모든 미생물들을 사멸시키거나 제거하는 멸균과정을 필요로 한다.

2) 멸균 방법

- 건열 멸균이란 가열하여 온도를 높여 멸균하는 방법으로 열 전도율이 낮아 160 ℃에서 1시간 이상 가열하여 멸균하는 방법이다.
- 습윤 멸균이란 고압 멸균기(Autoclave)를 사용하여 고압상태에서 열을 가하여 생성된 고온수증기로 멸균하는 방법으로 121℃, 1.5기압에서 10~15분 정도 멸균하는 방법이다.
- 여과 멸균이란 구멍 크기가 0.2 ~ 0.45 um의 멸균된 여과지를 사용하여 여과시켜 멸균하는 방법이다.

3. 재료 및 도구

1) 재료

- Bacto-tryptone, Yeast extract, NaCl, Agar, MRS broth, 증류수

2) 도구

- Petri dish, 삼각플라스크, 전자저울, 시약스푼, 유산지, Magnetic stirrer, Stirrer bar, Autoclave, 무균 작업대, 시험관, 시험관마개

3) 원핵 미생물

- *Escherichia coli* K12, *Lactobacillus bulgaricus*

4. 실험 방법

(1) 고체배지 만들기

1) LB (Luria bertani) 고체배지 만들기

① 증류수 약 50 ml를 삼각플라스크에 넣는다
② 1% tryptone, 0.5% Yeast extract, 1% NaCl을 첨가 후 잘 녹인다.
③ 1.5% Agar를 첨가하여 잘 섞는다.
④ 메스실린더를 이용하여 최종 부피를 100 ml를 맞춘다.
⑤ Autoclave를 121℃, 1.5기압의 상태에서 15분 간 고압멸균 시킨 후 50℃ 이하로 천천히 식혀준다.
⑥ 준비된 Petri dish에 20~25 ml씩 분주하여 천천히 굳힌다.
⑦ 고체배지가 다 굳으면 Wrap으로 포장하여 냉장고에 보관한다.

2) 유산균 배양용 MRS 고체배지 만들기

① 증류수 약 50 ml를 삼각플라스크에 넣는다
② 5.23 g의 MRS broth를 첨가 후 잘 녹인다.
③ 1.5% Agar를 첨가하여 잘 섞는다.
④ 메스실린더를 이용하여 최종 부피를 100 ml를 맞춘다.
⑤ Autoclave를 121℃, 1.5기압의 상태에서 15분 간 고압멸균 시킨 후 50℃ 이하로 천천히 식혀준다.
⑥ 준비된 Petri dish에 20~25 ml씩 분주하여 천천히 굳힌다.
⑦ 고체배지가 다 굳으면 Wrap으로 포장하여 냉장고에 보관한다.

3) β-Galactosidase 효소활성 스크리닝용 LB/X-gal 고체배지 만들기

① 증류수 약 50 ml를 삼각플라스크에 넣는다
② 1% tryptone, 0.5% Yeast extract, 1% NaCl을 첨가 후 잘 녹인다.
③ 1.5% Agar를 첨가하여 잘 섞는다.
④ 메스실린더를 이용하여 최종 부피를 100 ml를 맞춘다.
⑤ Autoclave를 121℃, 1.5기압의 상태에서 15분 간 고압멸균 시킨 후 50℃ 이하로 천천히 식혀준다.
⑥ 준비된 Petri dish에 20~25 ml씩 분주하여 천천히 굳힌다.

⑦ 고체배지 위에 50 mg/ml X-gal 40 ㎕를 점점이 뿌리고 빠르게 spreading하여 골고루 퍼지도록 해준 후, β-Galactosidase 효소 활성에 의해 나타나는 blue colony 선별 배지로 사용한다.

* 50 mg/ml X-gal : N,N-dimethylformamide (DMF)에 50 mg/ml 농도로 녹인 후, 냉동보관

4) β-Galactosidase 효소활성 스크리닝용 MRS/X-gal 고체배지 만들기

① 증류수 약 50 ml를 삼각플라스크에 넣는다

② 5.23 g의 MRS broth를 첨가 후 잘 녹인다.

③ 1.5% Agar를 첨가하여 잘 섞는다.

④ 메스실린더를 이용하여 최종 부피를 100 ml를 맞춘다.

⑤ Autoclave를 121℃, 1.5기압의 상태에서 15분 간 고압멸균 시킨 후 50℃ 이하로 천천히 식혀준다.

⑥ 준비된 Petri dish에 20~25 ml씩 분주하여 천천히 굳힌다.

⑦ 고체배지 위에 50 mg/ml X-gal 40 ㎕를 점점이 뿌리고 빠르게 spreading하여 골고루 퍼지도록 해준 후, β-Galactosidase 효소 활성에 의해 나타나는 blue colony 선별 배지로 사용한다.

* 50 mg/ml X-gal : N,N-dimethylformamide (DMF)에 50 mg/ml 농도로 녹인 후, 냉동보관

5) 재조합 미생물 배양용 LB(Luria bertani)/Ampicillin 고체배지 만들기

① 증류수 약 50 ml를 삼각플라스크에 넣는다

② 1% tryptone, 0.5% Yeast extract, 1% NaCl을 첨가 후 잘 녹인다.

③ 1.5% Agar를 첨가하여 잘 섞는다.

④ 메스실린더로 이용하여 최종 부피를 100ml를 맞춘다.

⑤ Autoclave를 121℃, 1.5기압의 상태에서 15분 간 고압멸균 시킨 후 50℃ 이하로 천천히 식혀준다.

⑥ 식혀진 고체배지 용액에 100 ug/ml 농도가 되도록 항생제 Ampicillin을 첨가한

후, 준비된 plate에 20~25 ml씩 분주하여 천천히 굳힌다.

⑦ 고체배지가 다 굳으면 Wrap으로 포장하여 냉장고에 보관한다.

* Ampicillin은 100 mg/ml 농도가 되게 증류수에 녹인 후 filter 후 −20℃에 보관

(2) 액체배지 만들기

1) 대장균 배양용 LB(Luria bertani) 액체배지 만들기

① 증류수 약 50 ml를 삼각플라스크에 넣는다

② 1% tryptone, 0.5% Yeast extract, 1% NaCl을 첨가 후 잘 녹인다.

③ 메스실린더로 이용하여 최종 부피를 100 ml를 맞춘다.

④ Autoclave를 121℃, 1.5기압의 상태에서 15분 간 고압멸균 시킨다.

실험 2 그람음성균으로부터 chromosomal DNA의 분리 및 정제

1. 실험의 목적

대표적인 그람음성균인 대장균에 대해 이해하고 그람음성균으로부터 chromosomal DNA를 분리하고 정제한다.

2. 실험의 원리

(1) 대장균 (*Escherichia coli* / *E. coli*)

- 인간을 포함한 포유류의 대장에서 서식한다.
- 호기성 혹은 통성혐기성의 그람음성균(Gram negative)이며 포자를 형성하지 않는 간균이다.
- 그람염색 시 펩티도글리칸층이 얇아 crystal violet이 탈색되어 분홍색으로 염색된다.
- 길이는 1~2.5 μm이고 지름은 0.1~0.5 μm의 크기이다.
- 다른 미생물에 비해 증식 속도가 빠르다.
- DNA나 protein의 대량 생산을 위한 산업적 균주로 많이 사용된다.

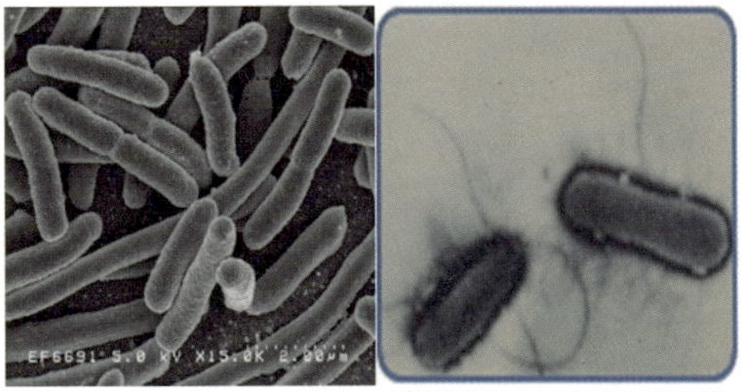

〈출처: Rocky Mountain Laboratories, NIAID, NIH〉

그림 대장균 (*Escherichia coli*)

(2) 그람음성균의 세포벽 구조

- 펩티도글리칸 층이 한 겹으로 매우 얇으며 세포벽의 10-20% 차지한다.
- 세포외벽에는 인지질, 리포프로테인, 리포폴리사카라이드 등으로 구성된 외막이 존재한다.
- Outer membrane, Periplasm, Cytoplasm membrane으로 구성되어 있다.

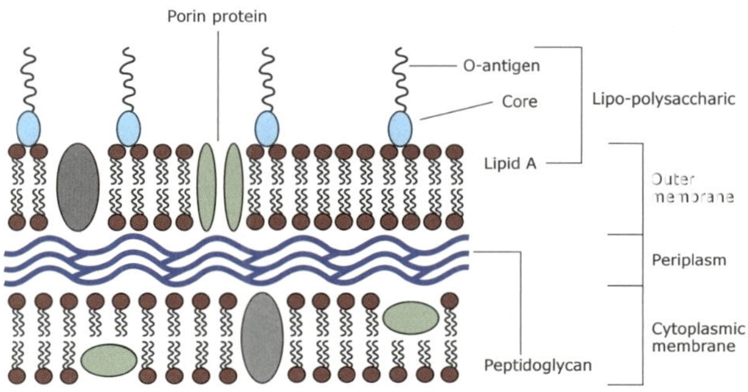

그림 그람음성균의 세포벽 구조

(3) 미생물 chromosomal DNA의 분리

1) Chromosomal DNA의 분리 단계

세포용해

RNA의 제거

Protein의 제거

Chromosomal DNA의 회수

- 유전자 클로닝을 위해 사용할 Chromosomal DNA는 순도가 높고 분해되지 않은 원래 크기의 Chromosomal DNA를 사용하는 것이 클로닝 확률을 높일 수 있다.
- 미생물에서 분리한 Chromosomal DNA에 RNA와 단백질 등이 혼합되어 있을 경우 제한효소 처리 등 다음 단계 실험에 방해를 준다.
- RNA 제거를 위해 RNA 분해 효소인 RNase를 사용하고, RNase 내에 DNA 분해 효소인 DNase가 오염되어 있는 것을 막기위해 RNase를 100 ℃에서 가열하여 DNase를 불활성화 시킨 후 사용한다.
- Protein제거를 위해 phenol을 사용한다. 또는 DNA 절단을 막기위해 단백질 분해효소를 사용하는 경우도 있다.

2) Chromosomal DNA 분리 시 주의할 점

- 기계적/물리적 절단과 nuclease에 의한 Chromosomal DNA의 저분자화에 주의한다.
- 순도가 높고 고분자인 chromosomal DNA를 분리한다.

3) 실험에 사용되는 시약의 역할

- EDTA : 세포벽의 전체구조를 유지시키는데 필수적인 Mg^{2+} 이온을 제거하여 세포벽을 불안정화 시키고 DNase를 불활성화 시킨다.
- SDS : 세포막의 지질분자 제거에 의한 세균의 용균을 촉진함과 동시에 DNase를 불활성화 시킨다.
- Lysozyme : 세포벽을 구성하는 중합체인 펩티도글리칸의 β-1,4-glycosidic bond를 절단하여 세균의 용균을 촉진한다.
- Phenol/Chloroform (1:1)
  → phenol : 단백질을 변성 시킨다.
  → chloroform : 단백질 제거 시 수용액층에 녹아 들어간 phenol을 제거한다.
- Proteinase K : 비특이적 serine protease으로 urea와 SDS(〈1.0%) 상태에서 안정한 단백질 분해효소이다.
- RNase : RNA 분해 효소이다.

3. 재료 및 도구

- LB 배지
- TE buffer

  10 mM Tris-Cl (pH 8.0)

  1 mM EDTA
- Lysis buffer (10 ml)

TE buffer	8.34 ml
10% SDS	0.6 ml
20 mg/ml proteinase K	0.06 ml
10 mg/ml Rnase	1 ml

- phenol/chloroform (1:1)
- Chloroform
- Ethanol

4. 실험방법

(1) LB 고체배지에서 배양한 *E. coli* K12균주의 single colony를 따서 LB broth 5ml에 접종 후 37 ℃ shaking incubator에서 250 rpm으로 24시간 배양한다.

(2) 배양액을 1.5 ml Eppendorf tube에 넣고, 13,000 rpm에서 30초간 원심분리 후, 상층액을 제거한다.

(3) Cell pellet에 600 ㎕ lysis buffer를 첨가한 후 vortexing하여 완전히 현탁시킨다.

(4) 37 ℃에서 1시간 방치한다.

(5) 동량의 phenol/chloroform을 첨가한 후 조심스럽게 여러 번 뒤집어 섞어준다 (DNA의 기계적 절단에 주의).

(6) 상온에서 13,000 rpm, 10분간 원심분리한다.

(7) 1ml pipetman을 사용하여 조심해서 상층액을 새로운 1.5ml Eppendorf tube

로 옮긴다. (상층액의 점성이 높기 때문에 tip끝을 잘라 사용하고, 중간층의 변색 단백질인 하얀층이 빨려들어오지 않도록 주의)

(8) Step 5 ~ 7 조작을 반복한다.

(9) 남아있는 Phenol의 제거를 위하여 동량의 chloroform을 첨가한 후 조심스럽게 여러 번 뒤집어 섞어준다.

(10) 상온에서 13,000 rpm, 10분간 원심분리한다.

(11) 상층액을 새로운 1.5 ml Eppendorf tube로 옮긴다.

(12) Chromosomal DNA의 침전을 위해 3배 volume의 cold ethanol을 첨가한 후 잘 섞어준다.

(13) -20 ℃에서 30분 이상 방치한다.

(14) 4 ℃ 에서 13,000 rpm, 15분간 원심분리한다.

(15) 상층액을 제거한 후, 70% ethanol 1 ml를 첨가하여 세척한다.

(16) 4 ℃ 에서 13,000 rpm, 5분간 원심분리한다.

(17) 상층액을 제거한 후 남아있는 DNA pellet을 자연 건조하여 ethanol을 제거한다.

(18) 최소량의 멸균수에 DNA pellet을 용해한다.

실험 3 그람양성균으로부터 chromosomal DNA의 분리 및 정제

1. 실험의 목적

그람양성균인 유산균에 대해 이해하고 그람양성균으로부터 chromosomal DNA를 분리하고 정제한다.

2. 실험의 원리

(1) 유산균 (Lactic acid bacteria)

- 포도당(glucose) 또는 유당(젖당, lactose)과 같은 탄수화물을 분해하여 유산(젖산)이나 초산을 생성하는 세균이다.
- 통성혐기성 또는 혐기성의 그람양성균(Gram positive)이며, 포자를 형성하지 않고 운동성이 없다.
- 그람염색 시 펩티도글리칸층이 두꺼워 crystal violet이 탈색되지 않아 보라색으로 염색된다.
- 형태는 둥근 공모양을 한 구균과 막대모양을 한 간균으로 구별된다.
- 크기는 구균의 경우 직경이 0.5~1.0 ㎛, 간균은 지름 0.5~1.5 ㎛, 길이 2~5 ㎛이다.
- 농산물 또는 식품에서부터 사람 또는 동물의 몸까지 자연계에 널리 분포하고 있다.
- 생육온도는 8℃ 이상에서 발육 가능하고, 최적 생육온도는 30℃ 전후이며, 45℃ 이상에선 생육이 억제되다 60℃이상이 되면 생존하지 못하고 대부분 사멸된다.

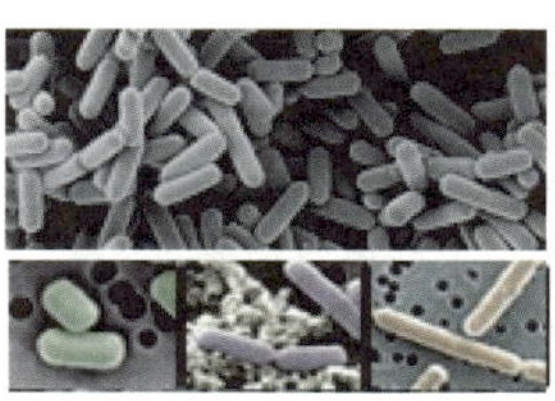

Lactobacillus spp

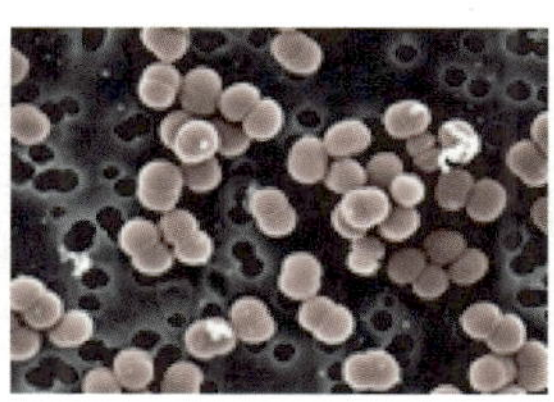

Pediococcus spp

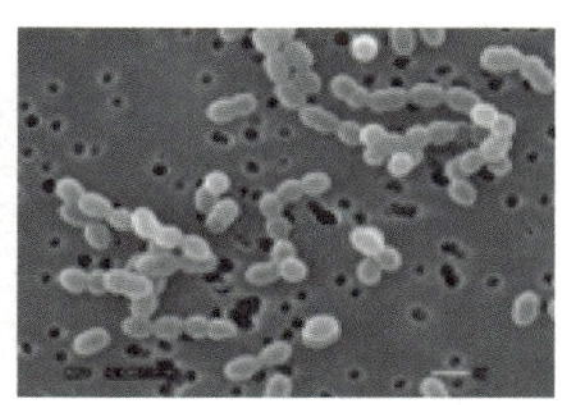

Leuconostoc spp

그림 유산균

(2) 그람양성균의 세포벽 구조

- 여러 층의 peptidoglycan 층이 두껍게 감싸고 있으며 세포벽의 약 80-90%가 차지한다.
- Peptidoglycan 층과 Cytoplasmic membrane으로 구성되어 있다.

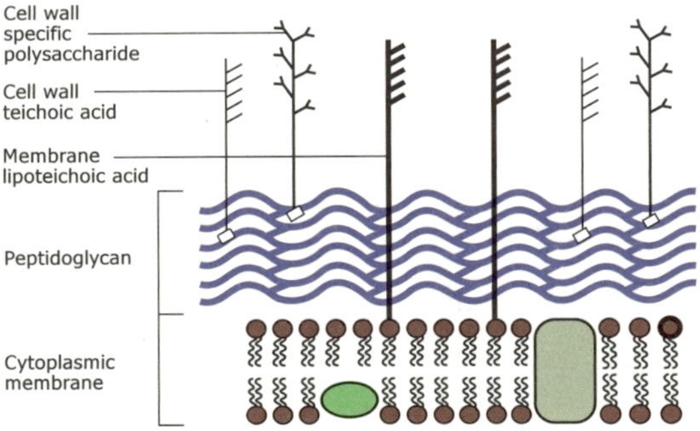

그림 그람양성균의 세포벽 구조

3. 재료 및 도구

- MRS 배지
- TES buffer
  50 mM NaCl
  30 mM Tris-Cl (pH 8.0)
  5 mM EDTA
- Lysis buffer
  50 mM Tris-HCl (pH 8.0)
  1 mM EDTA
  20 mg/ml Lysozyme
- 0.5 M EDTA (pH 8.0)
- 10% SDS
- 5 M NaCl

- 10 mg/ml RNase
- phenol/chloroform (1:1)
- Chloroform
- Ethanol

4. 실험방법

(1) MRS 고체배지에서 배양한 *L. bulgaricus* 균주의 single colony를 따서 MRS broth 10ml에 접종 후 30 ℃에서 24시간 정치 배양한다.

(2) 배양액을 1.5 ml Eppendorf tube에 넣고, 13,000 rpm에서 30초간 원심분리 후, 상층액을 제거한다.

(3) TES buffer로 cell pellet을 wash한 후, 13,000 rpm에서 30초간 원심분리 후, 상층액을 제거한다.

(4) Cell pellet에 330 ㎕ lysis buffer를 첨가한 후 vortexing하여 완전히 현탁시킨다 (Lysozyme에 의한 세포용해).

(5) 37 ℃에서 1시간 방치한다 (Lysis가 일어나면 세포현탁액의 점도증가 및 층분리가 일어남).

(6) 0.5 M EDTA 165 ㎕첨가 후, 상온에서 5분간 방치한다.

(7) 세포용해를 위해 20% SDS 133 ㎕첨가 후, 65 ℃에서 30분간 방치한다.

(8) 5M NaCl 10 ㎕첨가 후, 60 ℃에서 10분간 방치한다.

(9) 10 mg/ml RNase 10 ㎕첨가 후, 37 ℃에서 30분간 방치한다.

(10) 동량의 phenol/chloroform을 첨가한 후 조심스럽게 여러 번 뒤집어 섞어준다 (DNA의 기계적 절단에 주의).

(11) 상온에서 13,000 rpm, 10분간 원심분리한다.

(12) 1ml pipetman을 사용하여 조심해서 상층액을 새로운 1.5ml Eppendorf tube로 옮긴다.

(1) (상층액의 점성이 높기 때문에 tip끝을 잘라 사용하고, 중간층의 변색단백질인 하얀 층이 빨려들어오지 않도록 주의)

(13) Step 7 ~ 9 조작 반복한다.

(14) 남아있는 Phenol의 제거를 위하여 동량의 chloroform을 첨가한 후 조심스럽게 여러 번 뒤집어 섞어준다.

(15) 상온에서 13,000 rpm, 10분간 원심분리한다.

(16) 상층액을 새로운 1.5 ml Eppendorf tube로 옮긴다.

(17) Chromosomal DNA의 침전을 위해 3배 volume의 cold ethanol을 첨가한 후 잘 섞어준다.

(18) -20 ℃에서 30분 이상 방치한다.

(19) 4 ℃ 에서 13,000 rpm, 15분간 원심분리한다.

(20) 상층액을 제거한 후, 70% ethanol 1 ml를 첨가하여 세척한다.

(21) 4 ℃ 에서 13,000 rpm, 5분간 원심분리한다.

(22) 상층액을 제거한 후 남아있는 DNA pellet을 자연건조하여 ethanol을 제거한다.

(23) 최소량의 멸균수에 DNA pellet을 용해한다.

실험 4 유전자 검출법 : Agarose gel 전기영동

1. 실험의 목적

전기영동의 원리를 이해하고 원핵 미생물로부터 분리한 chromosomal DNA를 전기영동을 통하여 확인한다.

2. 실험의 원리

(1) 전기영동이란?

1) DNA와 같이 전하를 띠는 고분자 물질을 전기장을 띠는 매질(젤)에서 이동시켜 분리하여 이들의 순도나 특성 등을 분석하는데 이용하는 방법이다.
2) DNA는 deoxyribose가 인산에스터 결합을 하기 때문에 phosphate group에 의해 (−) charge를 가진다. (−) charge를 갖는 DNA가 두 전극 사이에 위치했을 때 (+) 극 쪽으로 움직인다.

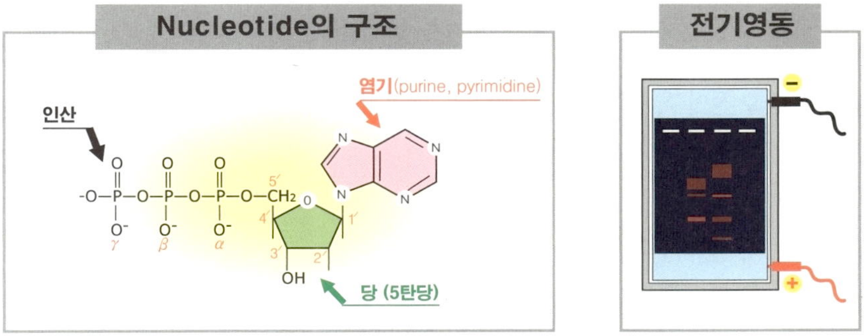

그림 뉴클레오타이드(Nucleotide) 구조와 전기영동

(2) 아가로오스 젤 전기영동 (agarose gel eletrophoresis)

1) 아가로오스 (agarose) : 우뭇가사리 등의 해초류에서 추출한 다당류이다.

2) 아가로오스 젤 (agarose gel) : 아가로오스를 완충액에 넣어 끓인 다음 굳혀 gel화 시킨 것으로 망상구조를 가진 반 고형상의 지지물질인 젤 형태이다.

3) 전기영동 : 크기가 다른 여러 DNA분자를 agarose gel 속에 넣고 전장을 걸어 주면 (−) charge를 갖는 DNA 분자는 양극 (+극)으로 이동하며, DNA 분자의 크기에 따라 분리하는 방법이다.

그림 아가로오스 겔 구조와 아가로오스 젤 전기영동의 원리

(3) 아가로오스의 농도에 따라 DNA의 분리범위

1) Agarose gel의 농도가 높을 수록 망상구조가 치밀해지며, 작은 분자의 DNA 분리에 용의하다.

2) Agarose gel의 농도가 낮을 수록 망상구조가 커지며, 큰 분자의 DNA 분리에 용의하다.

3) DNA분자가 Agarose gel사이를 통과하는 속도는 DNA의 분자량이 작을 수록, Agarose gel의 농도가 낮을 수록 빨라진다.

Amount of agarose in gel (%[w/v])	Efficient range of separation of linear DNA molecules (kb)
0.3	5~60
0.6	1~20
0.7	0.8~10
0.9	0.5~7
1.2	0.4~6
1.5	0.2~3
2.0	0.1~2

(4) 전기영동 완충액 (Buffer)

1) Agarose gel 전기영동에 사용되는 완충액은 TAE(Tris–Acetate–EDTA) buffer 또는 TBE(Tris–Borate–EDTA) buffer이다.
2) TAE buffer (Tris–acetate–EDTA)
   - Resolution은 좋으나 buffering capacity가 낮아 재사용시 양극과 음극의 buffer를 순환시키는 것이 좋다.
   - 큰 분자량의 DNA (〉12kb) 전기영동 시, 또는 전기영동 후 DNA를 gel에서 회수 할 경우 사용한다.
3) TBE buffer(Tris–borate–EDTA)
   - Buffering capacity가 좋아 전기영동을 오래 할 경우 좋다.
   - 분자량이 작은 DNA (〈1 kb)의 전기영동 또는 DNA sequencing을 위한 전기영도 시 사용한다.
4) 전기영동 완충액 조성성분의 역할
   - Tris : 양이온 공급 ((–)charge를 띄는 DNA는 이 buffer 안에서 양극으로 이동)
   - Acetate : Tris의 pH가 약 11이므로 pH를 낮추기 위해 acetate를 첨가한다 (pH가 11일 경우 DNA 해리됨)
   - EDTA : chelating agent로 금속이온을 용탈시키는 작용을 한다. Dnase를 불활성화 시킨다.
5) 주의 : Agarose gel 제조 및 전기영동 시 TAE/TBE buffer 사용한다.

증류수로 gel을 만들 경우 DNA가 움직이지 않고, gel이 녹는다.

(5) Gel loading buffer

1) Agarose gel 전기영동 시 DNA 시료와 혼합하여 agarose gel 시료 홈(well)에 넣고 전기영동 수행한다.
2) Gel loading buffer 조성성분의 역할
   - 30% glycerol : DNA 용액을 무겁게 하여 agarose gel의 well 속으로 DNA를 가라 앉게 한다.
   - 염색시약 (loading dye) : 브로모페놀 블루(bromophenol blue), 자일렌 사이아놀 (xylene cyanol). DNA의 전기영동 정도를 눈으로 확인할 수 있게 해준다.

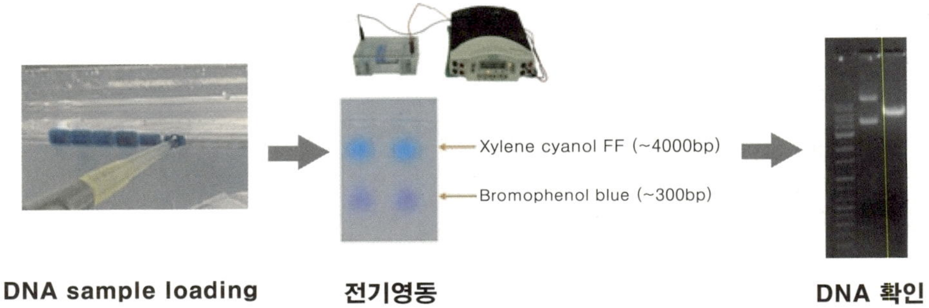

그림 아가로오스 겔 전기영동 과정

(6) Agarose gel에서 DNA 염색과 보기

1) DNA 분자는 Ethidium bromide(EtBr)에 의해 염색하여 확인한다.
2) EtBr은 DNA의 이중나선 구조에 끼어들어 UV를 비춰주면 형광을 내게 된다.
3) DNA의 크기를 알기 위하여 double-stranded DNA를 제한효소로 절단하여 이미 크기를 알고 있는 DNA 크기 표지자 (Size marker)를 사용한다.

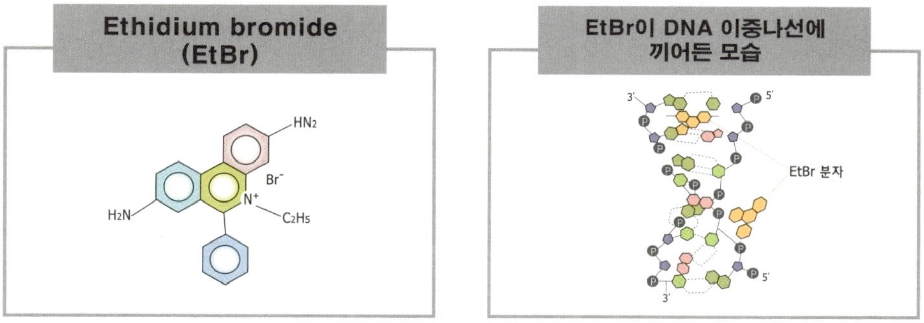

그림 Ethidium bromide 구조와 DNA 염색 원리

4) EtBr은 돌연변 및 암을 유발할 가능성이 높은 물질이므로 취급에 특히 주의한다.

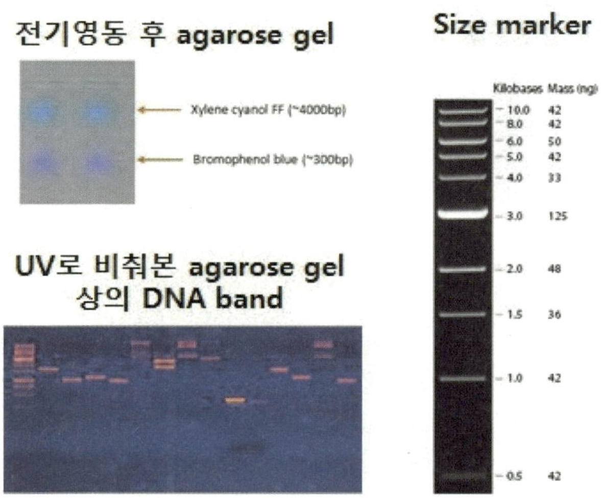

그림 Ethidium bromide를 사용한 DNA의 염색 및 DNA 확인

(7) 아가로오스 젤 전기영동 시 핵산의 이동에 영향을 주는 요인

1) DNA 크기 : DNA 크기가 클수록 느리게 이동한다.
2) 젤의 농도 : agarose gel 농도가 높을수록 DNA가 느리게 이동한다.
3) DNA의 구조 : DNA의 형태에 따라 이동속도가 다르다. 초나선 DNA(supercoiled DNA) → 선형 DNA(Linear DNA) → 열려진 원형 DNA (Nicked circles DNA)순으로 이동한다.
4) 완충액 : 완충액의 농도 (이온 강도)가 높을 수록 빨리 이동한다.
5) 전류의 세기 : 전류의 세기가 높을수록 DNA 분자가 빨리 이동한다.
6) Ethidium bromide : DNA의 이중나선 구조에 끼어들어 DNA 이동속도를 15% 정도 감소시킨다.

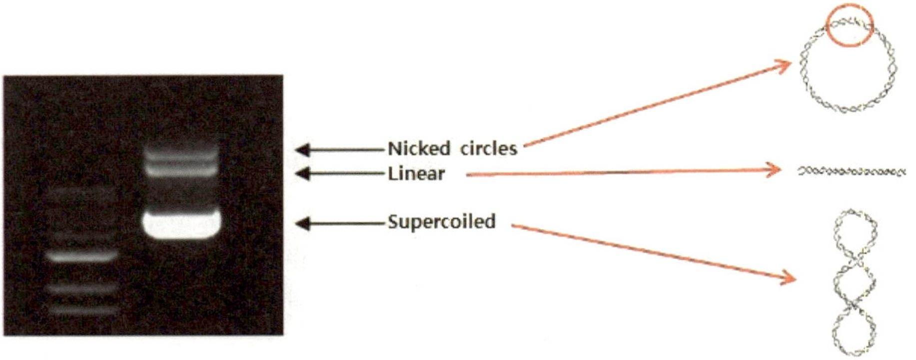

그림 플라스미드 구조에 따른 DNA의 이동속도

3. 재료 및 도구

• 50X TAE (1L) : 사용 시 1X로 희석하여 사용
242g Tris base
57.1 ml acetic acid
100 ml 0.5M EDTA
• 1% agarose gel (50 ml)
0.5g agarose

50 ml 1X TAE

- 6X loding buffer (in water)

  0.25% bromophenol blue

  0.25% xylene cyanol FF

  30% glycerol

- 10mg/ml Ethidium bromide

  100 mg bromophenol blue

  10 ml 증류수

  * 보관 : 빛이 차단된 용기에 담아 실온보관

  * 사용 : 0.5 mg/ml로 희석하여 사용

  * 주의 : EtBr은 돌연변이 유발원이며 또한 암을 유발할 가능성이 높은 물질이므로 취급에 주의. 사용 시 비닐장갑을 사용하고, 사용 후 EtBr용액은 정화한 후 버릴 것

4. 실험방법

(1) 0.5 g의 agarose powder를 삼각플라스크에 넣는다

(2) 1X TAE 50 mL을 첨가하여 흔들어 준다.

(3) 전자레인지를 이용하여 agarose가 완전히 녹을 때까지 천천히 가열한다.

(4) Agarose를 완전히 다 녹인 후 60℃정도로 온도가 낮아 질 때까지 식힌다.

(5) Gel tray에 gel을 서서히 부어준다. Gel의 두께는 3~5 mm가 되도록 하고 기포가 발행하지 않도록 주의한다.

(6) Comb을 꽂아준다

(7) 실온에서 20~30분간 gel을 완전히 굳힌 후 comb을 조심스럽게 제거한 후 gel을 전기영동 tank안에 설치한다.

(8) 전기영동 완충용액(1X TAE)은 Gel을 덮을 수 있을 정도로 가한다.

(9) DNA 시료를 전기영동용 6Xloading dye와 혼합한 후 (5:1) pipette을 이용하여 혼합액을 gel의 홈에 조심스럽게 주입한다.

(10) 전기영동 tank의 뚜껑을 닫고 DNA가 음극에서 양극 쪽으로 이동해갈 수 있도록 셋팅하고, 50~100 V의 전압을 가한다.

(11) 전기영동이 끝나면 전원을 끄고 전기영동 tank의 뚜껑을 연 후 gel을 자외선 하에서 관찰하고 촬영한다.

실험 5 DNA의 함량 및 순도 측정

1. 실험의 목적

분광광도계의 원리를 이해하고 분광광도계를 사용한 DNA의 함량 및 순도를 측정해 본다.

2. 이론

(1) 분광광도계 (Spectrophotometer)

1) 물질은 종류에 따라 빛 에너지를 흡수하여 전자전이 및 회전과 같은 여러가지 분자 운동을 통하여 그 물질만의 고유의 흡수 스펙트럼을 나타내게 되는데, 분광광도계는 이 때의 흡수 스펙트럼을 측정하는 장비이다.
2) 흡수하는 파장에 따라 물질의 원자 또는 분자의 전자구조를 예측할 수 있다.
3) 흡수하는 빛의 세기(흡광도)를 측정하여 그 물질의 농도를 결정한다.
4) 분광광도계는 물질마다 다른 흡수 스펙트럼 및 에너지 값의 차이를 이용하여 유기 또는 무기 화합물의 정량 및 정성분석을 하는 장비이다.
5) 시간에 따른 흡광도의 변화(효소 반응 연구) 또는 일정 범위 파장에서의 흡광도의 변화(물질의 구조분석)등을 측정한할 수 있다.
6) 핵산, 단백질, 제약, 식재료, 발효물질, 페인트, 미네랄오일 등 다양한 시료의 측정이 가능하다.

(2) 자외선/가시광선

1) 프리즘에 의해 여러가지 색깔의 빛으로 나누어지는 현상을 빛의 분산이라고 하며, 분산된 빛의 띠를 스펙트럼이라고 한다.
2) 장파장 : 굴절률이 작아 프리즘 통과 시 붉은 빛 영역의 파장이다.
3) 단파장 : 굴절률이 커 프리즘 통과 시 보라빛 영역의 파장이다.
4) UV : 단파장 쪽의 전자기파로 '보라색보다 파장이 짧다'라는 말에서 ultraviolet라 하며 자색 바깥쪽의 광선이라고 하여 자외선이라고 한다.

5) Visible ray : 사람의 눈에 보이는 전자기파의 영역으로 400 nm에서 700 nm의 범위를 감지

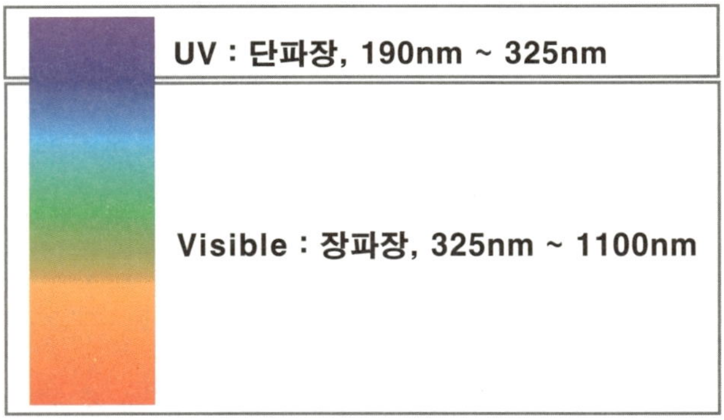

그림 빛의 종류와 빛의 파장

(3) Spectrophotometer의 구성

1) 광원 : 빛을 생성하여 충분한 복사선 에너지를 공급한다.
   - 텅스텐 : 진공 백열전구로 325~1100nm의 가시광선영역의 에너지를 공급한다.
   - 중수소 : 190~325nm의 자외선 영역의 에너지를 공급한다.

2) 단색화장치(monochromator) : 광원으로부터 들어오는 연속파장의 가시선 및 자외선을 각 파장별로 분산시켜 단색파장으로 만드는 장치이다.

3) 시료 (Cuvette) : 샘플을 담을 수 있는 용기로 모든 파장에서 완전히 빛을 투과 시켜야 한다.
   - Glass : 내구성이 좋아 오랫동안 사용 가능하지만 320nm 이하의 파장에서 강하게 흡광하므로 UV 영역 측정 시 사용이 불가능하다.
   - Quartz : 석영셀은 210nm 이하에서도 좋은 투광도를 보이고 자외부와 가시부에서 모두 사용이 가능하다.
   - Plastic : 주로 일회용으로 320nm 이하의 파장에서 사용 불가능하고, 플라스틱 재질에 따라 사용 가능 용매가 제한된다.

4) 검출기(detector) : 빛의 조사량과 검출량의 차이를 이용하여 흡광도를 구한다.

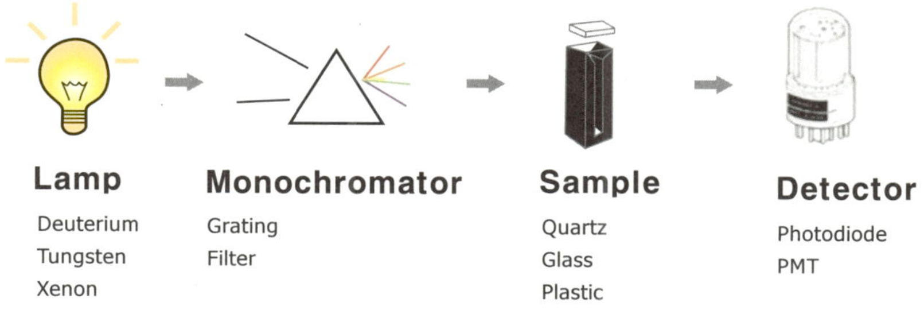

그림 분광광도계의 구조

(4) DNA의 함량 및 순도 측정

1) 원리 : 핵산의 염기들이 260 nm의 파장을 갖는 빛을 흡수하기 때문에 이를 이용하여 260nm에서 흡광도를 측정하고 측정된 값으로부터 농도를 계산한다.

2) 흡수 파장에 따른 물질의 구조

- 230nm = phenolate ion, thiocyanates등과 같은 organic compound,
- 260nm = DNA 또는 RNA, Nucleic acid에서 purine과 pyrimidine의 aromatic ring구조
- 280nm = protein, Protein의 아미노산 중 phenylalanine, tyrosine등 방향족 아미노산의 benzene ring 구조

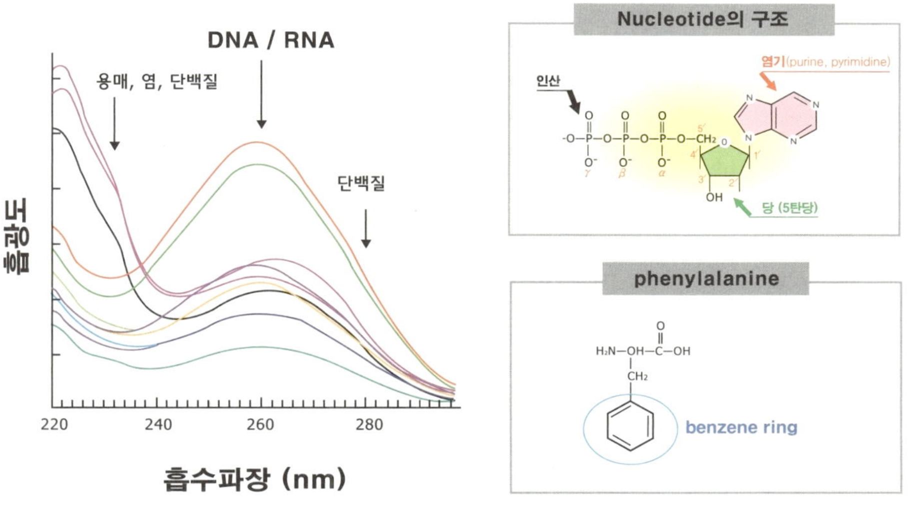

그림 흡수 파장에 따른 물질의 구조

3) DNA의 농도 계산

- DNA : 260 nm에서의 빛을 흡수하는 값이 1.0으로 나타나면 시료 1 ㎖ 중에 50 ㎍의 DNA가 존재
- RNA : 260 nm에서의 빛을 흡수하는 값이 1.0으로 나타 시료 1 ㎖ 중에 40 ㎍의 RNA가 존재
- [dsDNA] μg/ml = A260 × 50 × dilution

(A260 = 260 nm에서의 흡광도, dilution = 희석율, 50 = A260 값이 1 일 때의 dsDNA의 양)

- [RNA] μg/ml = A260 × 40 × dilution

(40 = A260 값이 1 일 때의 RNA의 양)

표. A260 값이 1일때 핵산의 농도

핵산의 종류	핵산의 농도
이중가닥 DNA	50 ug/mL
단일가닥 DNA	33 ug/mL
단일가닥 RNA	40 ug/mL

4) DNA의 순도 계산

- 260 nm와 280 nm의 흡광도 값 비율은 핵산의 순도를 나타낸다.
- 순수하게 분리된 DNA와 RNA는 각각 1.8과 2.0 이상의 A260/A280값을 갖는다.
- 시료가 단백질이나 페놀에 오염되어 있다면, A260/A280 값은 1.8의 값보다 낮게 계산된다.

표. A260/A280의 비율에 의한 핵산용액의 순도

핵산 (%)	단백질 (%)	A260/A280 비율
100	0	2.00
95	5	1.99
90	10	1.98
70	30	1.94

3. 재료 및 도구

- DNA 시료
- Spectrophotometer

4. 실험방법

(1) 준비된 DNA 시료(Lyophilized powder)를 각각 TE buffer에 녹인다.

(2) 각 시료를 멸균수로 적절히 희석 시킨다.

(3) Spectrophotometer를 260nm로 setting 한다.

(4) 멸균수로 Blank를 잡는다.

(5) 준비된 시료를 260nm에서 측정하여 흡광도 값을 측정한다.

(6) DNA 시료의 농도와 순도를 계산한다.

- DNA 함량 계산 : [dsDNA] μg/ml = A260 × 50 × dilution

(A260 = 260 nm에서의 흡광도, dilution = 희석율, 50 = A260 값이 1 일 때의 dsDNA의 양)

- DNA 순도 계산 : A260/A280 = 1.8과 2.0 이상

→ Ultrospec 3100 pro (UV/Vis spectrophotometer)의 사용방법

① 스위치 on

② DNA 측정 선택

③ Sample dilution factor 셋팅

④ 농도 계산을 위한 factor 셋팅 (DNA : 50 ug/ml)

⑤ method 저장

⑥ reference sample (D.W)를 넣고 set ref. 버튼을 눌러 영점조절

⑦ sample을 넣고 run 버튼을 눌러 흡광도 측정

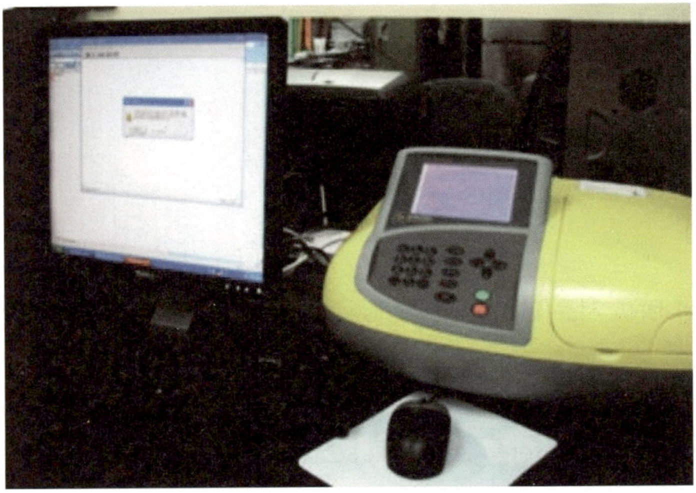

그림 UV/Vis spectrophotometer (Ultrospec 3100 pro)

실험 6 DNA 제한효소를 이용한 DNA의 절단(digestion)

1. 실험의 목적

제한효소 및 DNA의 절단 원리와 방법에 대해 이해하고 제한효소를 이용해 절단한 DNA의 확인 및 응용에 관해 이해한다.

2. 이론

(1) 핵산분해효소(Nuclease)의 발견

1950년대 초 박테리아가 침입해온 바이러스(박테리오파지)의 번식을 제한하는 현상을 발견하였다 (숙주 제한작용, host-controlled restriction). 박테리아는 박테리오파지 DNA가 숙주세포 내에서 복제되어 새로운 파지 입자를 합성하기 전에 파지 DNA를 절단하는 핵산분해효소를 생성하여 파지의 번식을 제한한다는 것을 알게 되었다. 바이러스 DNA는 핵산분해효소로 파괴되지만, 박테리아 자신의 DNA는 절단부위의 염기를 메칠화시켜 (methylation) 박테리아 자신의 DNA 절단을 막는다는 것을 알게 되었다.

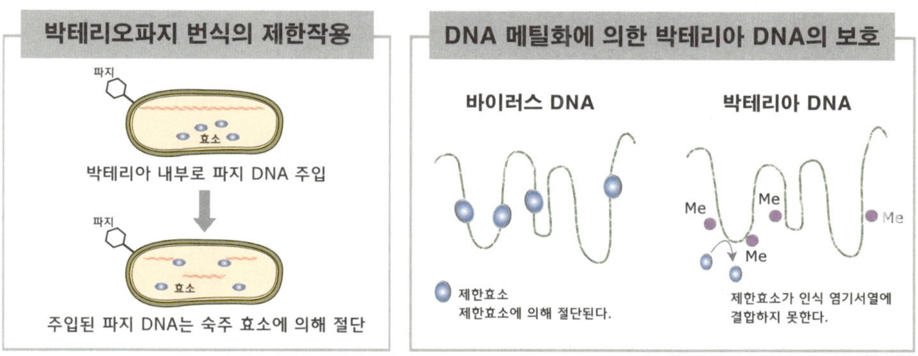

그림 박테리오파지 번식의 제한 작용

(2) 핵산분해효소(Nuclease)의 기능

1) 핵산 분자를 절단하거나 짧게 만드는 핵산을 분해하는 효소이다.

2) 핵산의 골격을 형성하는 인산다이에스터 결합(phosphodiester bond)를 절단함으로써 핵산을 절단 또는 분해한다.

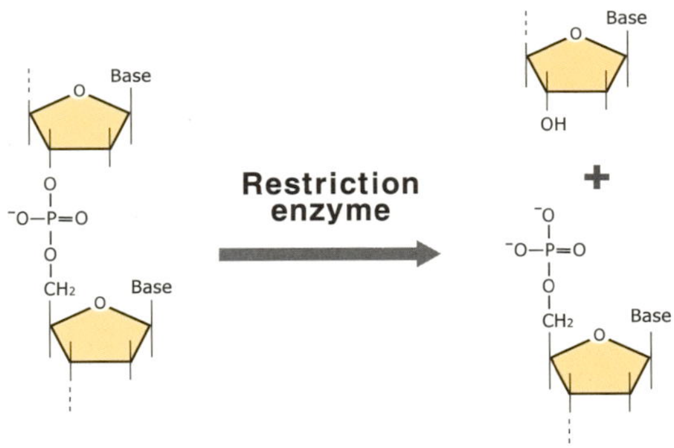

그림 핵산분해효소의 작용 기전

(3) 핵산분해효소(Nuclease)의 구분

1) 핵산말단분해효소 (exonuclease) : 핵산 말단으로부터 인산다이에스터 결합을 절단하는 효소이다.

2) 핵산내부분해효소 (endonuclease) : 핵산 내부의 인산다이에스터 결합을 절단하는 효소이다.

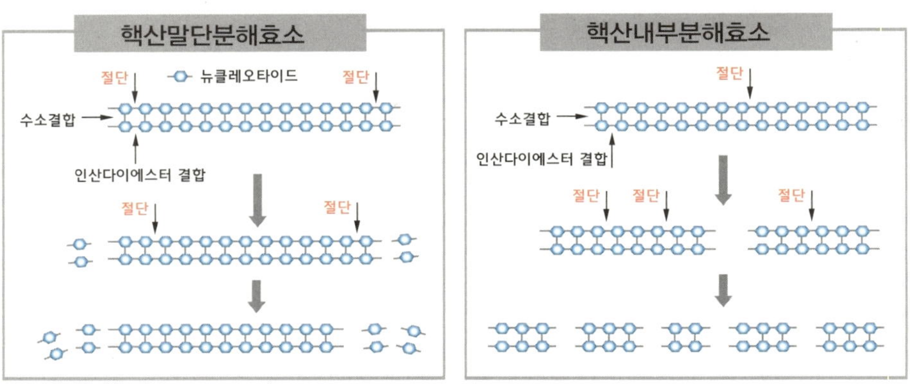

그림 핵산분해효소의 종류 및 작용 기전

표. 핵산분해효소의 종류와 기능

핵산분해효소의 분류	핵산분해효소의 종류	기능
DNA 말단분해효소 (DNA exonuclease)	S1 nuclease, Bal31, Mung Bean nuclease, Exonuclease III	핵산 분자 절단
DNA 내부분해효소 (DNA endonuclease)	Dnase I, 제한효소	
RNA 분해효소 (Rnase)	RNaseA, RNaseH, Rnase T1	

(4) 제한 엔도뉴클레에이스 (Restriction Endonuclease, restriction enzyme, 제한효소)

1) 외부에서 침투한 바이러스의 DNA를 절단하는 효소이다.
2) DNA 분자 내부의 인산다이에스터 결합을 절단하는 핵산내부분해효소(endonuclease)이다.
3) 제한효소의 DNA 인식 및 절단 부위는 각 DNA 가닥의 서열을 같은 방향으로 읽었을 때 똑같은 염기서열을 갖는 회문구조(palindrome)를 가진다.
4) 각 제한효소가 DNA 분자를 절단하는 특별한 인식 염기배열을 가지고 있다.
5) 제한효소는 4개, 5개, 또는 6개의 염기서열을 인식하여 절단한다.

DNA의 회문 구조

→

5′-ACCGAATTCGGT-3′
3′-TGGCTTAAGCCA-5′

←

제한효소의 DNA 인식부위

효소이름	인식하는 염기서열
*Bam*HI	5′-G/GATCC-3′ 3′-CCTAG/G-5′
*Hae*III	5′-GG/CC-3′ 3′-CC/GG-5′
*Sau*3A	5′-/GATC-3′ 3′-CTAG/-5′

그림 DNA의 회문구조와 제한효소의 DNA 인식부위

(5) 제한 엔도뉴클레에이스(Restriction Endonuclease, 제한효소)의 작용 메카니즘 제한효소가 DNA의 회문성 부위와 결합한 후 DNA를 두 절편으로 자른다.

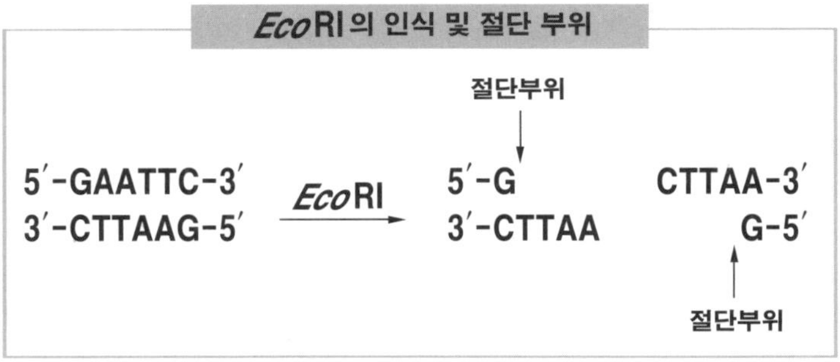

그림 DNA 제한효소 *Eco*RI의 DNA 인식부위 및 절단 부위

(6) 제한 엔도뉴클레에이스(Restriction Endonuclease, 제한효소)의 절단부위 형태

1) 비점착성 말단 (Blunt end) : 인식 염기배열의 가운데서 DNA 이중가닥을 수직으로 절단하여 형성된 DNA 말단형태이다.

2) 점착성 말단 (Sticky end)

- DNA 단편이 각 말단에서 짧은 단가닥 돌출부분을 형성한다.
- 5' 말단이 돌출되는 경우 또는 3' 말단이 돌출되는 경우가 있다.
- *Bam*HI, *Bgl*II, *Sau*3A와 같이 다른 제한효소를 사용하여 절단하였으나 동일한 형태의 sticky 말단을 생성하는 경우가 있다.

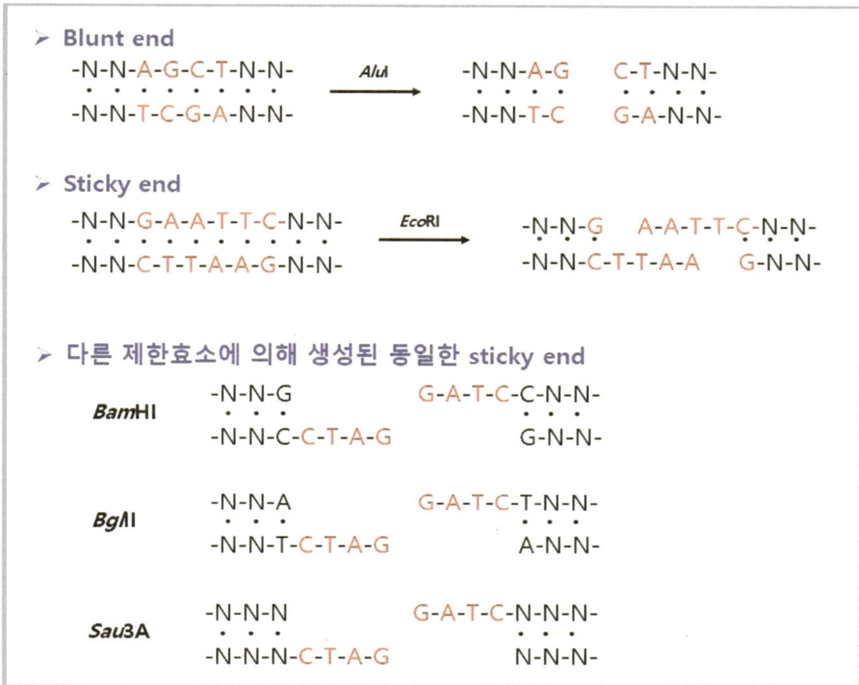

그림 제한효소에 따른 DNA 절단부위 형태

(7) Chromosomal DNA의 절단

1) 완전 절단(complete digestion) : DNA 조각에 동일한 제한효소 인식부위가 여러개 있을 경우 제한효소 인식부위를 모두 절단하는 것을 의미한다.

2) 부분 절단 (partial digestion) : DNA 조각에 동일한 제한효소 인식부위가 여러 개 있을 경우 제한효소 인식부위를 부분적으로 절단하는 것을 의미한다.

- 부분 절단 (partial digestion)의 예
  - Sau3A 제한효소를 사용한 Chromosomal DNA의 절단
  - Sau3A 제한효소는 DNA의 4개의 염기서열을 인식하여 자른다.
  - 제한효소 양의 증가: DNA의 Sau3A가 인식하는 부분이 많이 잘림으로 작은 분자량의 DNA가 많아진다.

- 제한효소 처리 시간 증가 : DNA의 Sau3A가 인식하는 부분이 많이 잘림으로 작은 분자량의 DNA가 많아진다.
- 제한효소의 양과 제한효소 처리 시간을 조절하여 원하는 유전자의 클로닝을 위해 적당한 크기로 잘린 DNA 단편을 회수하는 것이 중요하다.

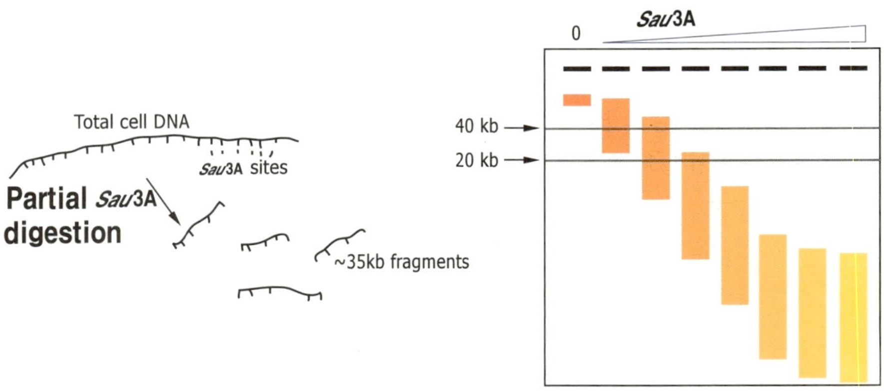

그림 Chromosomal DNA의 부분절단

(8) Vector의 절단 및 탈인산화(Dephosphorylation)

1) Vector (운반체)

특정 유전자나 DNA를 자신에게 삽입시켜 재조합 DNA를 만들고, 만들어진 재조합 DNA를 숙주세포로 전달하여 많은 수로 복제하거나 단백질로 발현될 수 있도록 하는 DNA의 운반체를 Vector라고 한다.

2) Vector 구조와 특징

- 복제 원점 (Replication origin) : 세포 내에서 복제 시 DNA 중합효소가 처음 인식하는 부위이며, 이중가닥이 풀려지면서 중합이 일어나기 시작하는 부위이다.
- 항생제 저항 유전자 : 숙주가 항생제에 저항성을 가질 수 있게 한다.
- 제한효소자리 집단(MCS) : 다양한 종류의 제한효소로 자를 수 있는 부분으로, 이곳을 제한효소로 잘라 외부 DNA를 삽입 시 필요한 부위이다.
- LacZ 유전자 (필수는 아님) : 형질전환체의 선별을 위한 부위이다.

3) Vector: pBR322 (plasmid)

- 최초로 개발되어 가장 널리 사용되는 대장균 벡터이다.
- 4,361 bp의 크기의 이중가닥 DNA 벡터이다.
- 구조
  - 복제원점 : pMB1 유래의 rep
  - 사본 수 조절 유전자인 rop 유전자를 가지고 있다.
  - AmpR (앰피실린)과 TetR (테트라사이클린) 저항 유전자를 가지고 있다.

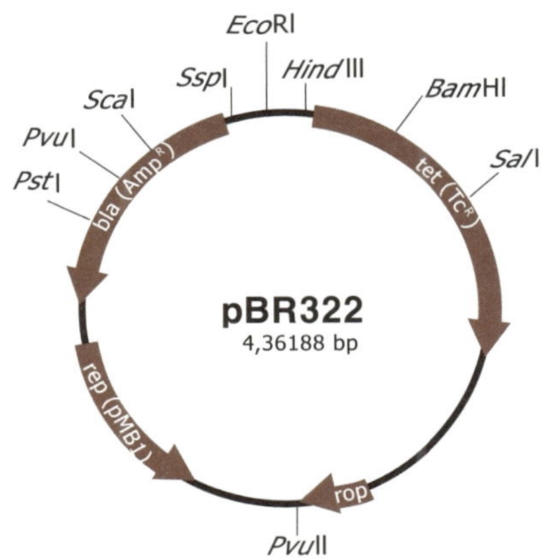

그림 pBR322 vector

4) Vetor의 절단과 탈인산화 (Dephosphorylation)

- vector에 삽입하려는 DNA의 양 말단이 동일한 제한효소 부위를 가지는 경우 vector의 양 말단도 동일한 제한효소 부위를 가져야한다.
- 제한효소로 절단된 linear한 형태의 vector는 본래의 원형인 형태로 가려는 성향 (self-ligation)이 매우 강하다.
- Vector의 Self-ligation을 방지하기 위하여 alkaline phosphatase로 5'-phosphate를 제거하는 탈인산화 과정이 필요하다.
- 탈인산화된 vector와 삽입하려는 DNA를 연결할 경우 두 개의 nick을 갖는 open circular form이 형성되는데 이는 숙주세포로 전달된 후 숙주세포 내의 repair system에 의해 수선되어 완전한 원형을 이루게 된다.

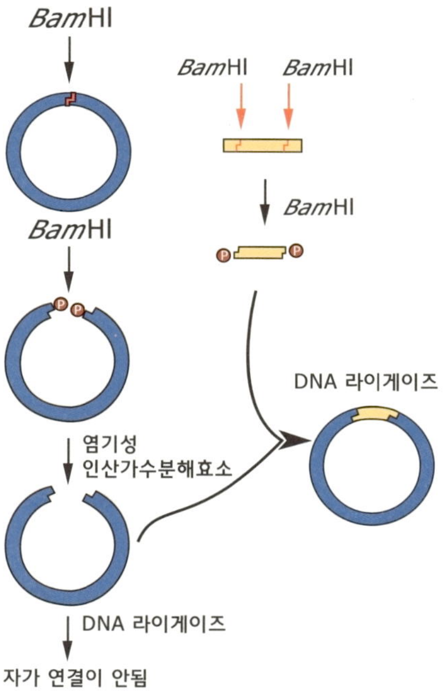

그림 Vector의 절단과 탈인산화 (Dephosphorylation)

3. 재료 및 도구

- 재료 : Chromosomal DNA, 멸균증류수, BamH I 제한효소, Alkaline phosphatase, agarose solution, Electrophoresis buffer, Ethidium bromide, 6X Gel-loading buffer, DNA size standards
- 도구 : 1.5 ml microfuge tube, 얼음, 얼음박스, Gel-sealing tape, Microwave oven, Power supply

4. 실험방법

(1) 제한효소를 이용한 chromosomal DNA의 절단

- 제한효소 활성 : 1 unit는 1 μg의 DNA를 최적 온도에서 한 시간에 절단할 수 있는 양

- 각각의 제한효소는 최적반응온도, 반응완충용액(reaction buffer)의 조성 등 최적의 반응 조건 필요

1) 1.5 ml Eppendorf tube에 다음과 같이 넣는다.

Chromosomal DNA	14 μl (20 μg)
10x 반응완충용액	2 μl
BamH I 제한효소 (10 units/μl)	4 μl
증류수	up to 20 μl

2) 기포가 생기지 않게 주의하면서 섞는다. 심하게 vortex하지 않는다.
3) 약 3~5초간 원심분리하여 반응 할 재료들이 바닥에 모이도록 한다.
4) 37°C에서 적당 시간 반응시켜 DNA가 충분히 절단되도록 한다. 대개 1~2 시간 반응시킨다.
5) 반응액에 전기영동 완충용액을 첨가하여 1% agarose gel을 사용하여 전기영동을 시행한다.
6) Gel extraction kit를 사용하여 제한효소 처리된 DNA를 정제한다.

> · 효소를 가장 마지막에 첨가
> · 효소 원액에는 50% glycerol이 들어있기 때문에 점도가 높음으로 tip 끝만 살짝 담구어 덜어내야 tip 주위에 효소가 많이 묻어 나오는 것을 방지 가능
> · 효소량이 반응 총액의 10%를 넘으면 효소 활성이 glycerol에 의해 억제될 수 있기 때문에 주의
> · 효소는 50% glycerol이 들어있는 완충액내에서 안정하게 존재하므로 반드시 냉동실에 보관

(2) 제한효소를 이용한 Vetor의 절단 및 Dephosphorylation

1) 1.5 ml Eppendorf tube에 다음과 같이 넣는다.

Vector	14 μl (20 μg)
10x 반응완충용액	2 μl
BamH I 제한효소 (10 units/μl)	4 μl
증류수	up to 20 μl

2) 기포가 생기지 않게 주의하면서 섞는다. 심하게 vortex하지 않는다.
3) 약 3~5초간 원침(brief centrifuge)하여 반응할 재료들이 바닥에 모이도록 한다.

4) 37℃에서 적당 시간 반응시켜 DNA가 충분히 절단되도록 한다. 대개 1~2 시간 반응시킨다.
5) 1 unit/ul Alkaline phosphatase 5 μl 첨가 후, 37℃에서 1시간 반응 시킨다.
6) 반응액에 전기영동 완충용액을 첨가하여 1% agarose gel을 사용하여 전기영동을 시행한다.
7) Gel extraction kit를 사용하여 vector를 정제한다.

(3) 제한효소 처리한 DNA의 정제

1) 제한효소 반응액에 전기영동용 loading dye 첨가한 후, 1% agarose gel을 사용하여 전기영동을 시행한다.
2) 전기영동이 끝난 후 agarose gel을 Ethidium bromide로 염색하여 DNA를 확인하고, DNA가 위치한 부분의 agarose gel을 잘라 1.5 ml Eppendorf tube에 넣는다.
3) Gel melting buffer를 agarose gel 부피의 3배수로 첨가하고, 50℃에서 10분간 방치하며 gel을 녹인다.
4) 용해된 DNA 용액을 DNA-prep Column에 옮긴 후, 13,000 rpm에서 30초간 centrifuge를 해준다.
5) Column을 통과한 용액을 제거하고, column에 70% Ethanol 700 ul 첨가한 후, 13,000 rpm에서 30초간 centrifuge를 한다.
6) Column을 통과한 용액을 제거하고, 추가로 Centrifuge를 1분간 더 해준다 (건조).
7) Column에 dH2O 30ul를 첨가한다. 그리고 13,000 rpm에서 1분간 Centrifuge를 해준다.

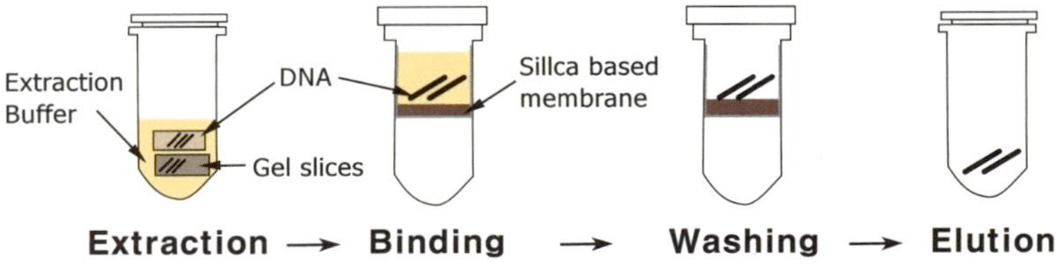

그림 제한효소 처리 DNA 단편의 정제 및 농축

실험 7 Ligation 및 형질전환

1. 실험의 목적

제한효소 및 DNA의 절단 원리와 방법에 대해 이해하고 제한효소를 이용해 절단한 DNA의 확인 및 응용에 관해 이해한다.

2. 실험의 원리

(1) DNA Ligation : DNA 분자의 결합

1) DNA Ligation

- 재조합 DNA 분자구축의 마지막 단계인 제한효소에 의해 절단된 벡터(vector)와 클로닝 될 DNA 분자를 연결하는 과정이다.
- DNA ligase : 제한효소로 절단된 두 DNA 단편을 이어주는 작용을 하는 효소이다.

2) DNA ligase의 작용

- DNA ligase는 DNA 분자 내의 틈이나 제한효소로 절단된 부위의 5'−phosphate 말단과 3'−OH 말단 사이에 phospho−diester bond(인산다이에스터 결합)를 형성함으로써 DNA 분자를 연결하는 효소이다.
- DNA ligase mechanism

① DNA ligase 내에 lysine 잔기의 −NH에 Adenosine triphosphate(ATP)가 결합하여 AMP가 효소에 공유결합을 형성한다.

② 제한효소로 절단된 DNA가닥의 5'−phosphate 말단에 AMP nucleotide가 전달ㄷ된다.

③ 제한효소로 절단된 DNA의 3'−OH 말단이 AMP−DNA 결합을 공격하게 되고, 결국 AMP가 떨어지며 phospho−diester bond가 형성된다.

3) DNA ligase의 종류

- Bacteriophage T4 DNA ligase
  - blunt-ended DNA, sticky-ended DNA, nicked DNA등의 이중 나선 DNA를 결합하는 효소이다.
  - Cofactor로 ATP를 사용한다.
  - 진핵세포, virus, 그리고 bacteriophage에서 유래한 효소이다.
  - 일반적인 유전자 재조합 실험에서 가장 많이 사용되는 ligase이다.
- *E. coil* DNA ligase
  - blunt-ended DNA의 ligation 효율성이 T4 DNA liagse에 비해 떨어진다.
  - Cofactor로 NAD^+를 사용한다.
  - 오직 bacteria에서만 유래된 효소이다.

4) DNA ligation 반응 시 주의 할 점

- 삽입할 insert DNA 와 vector의 비율 (Moral ration)
  - vector : insert DNA의 비율을 1 : 1(equimolar)에서 1 : 4까지 맞추어 반응한다.
  - 일반적으로 vector : insert DNA = 1 : 3로 하며, blunt end일 경우 1 : 5 한다.

- 적당한 온도 및 시간 : 보통 16℃ 또는 22℃에서 4시간 이상 반응한다.

〈 best formula 〉

$$\text{insert DNA (ng)} = \frac{\text{Vector (ng)} \times \text{insert DNA의 size (kb)}}{\text{vector의 size (kb)}} \times \text{moral ratio of (insert DNA/vector)}$$

예) 3.075 kb insert DNA를 2.9 kb vector 100ng과 ligation 할 경우 필요한 insert DNA의 량은?
(vector : insert DNA=1 : 3로 할 경우)

((100ng vector x 3.075 kb insert DNA) ÷ (2.9 kb vector)) x (3/1))
= (318.1 ng insert DNA)

(2) 형질전환 (Transformation)과 형질전환용 세포 (Competent cell)

1) 형질전환(Trnasformation)

- 외부 DNA를 숙주 세포 내에 넣어주어 숙주 세포가 원래의 성질과는 다른 새로운 유전형질을 추가로 얻게 되는 것을 말한다.

2) 형질전환의 개요

- 최초의 형질전환 실험 : 1982년 Griffith가 수행한 비병원성 폐렴쌍구균을 병원성균으로 바꾼 실험이 최초의 형질전환 실험이었다.
- 형질전환의 예 : 항생제 저항성 유전자를 포함한 plasmid vector를 항생제에 민감한 박테리아에 도입하여 항생제 저항성 박테리아로 그 형질을 전환시킨다.
- bacteria를 차가운 $CaCl^2$로 처리 후 열처리를 하면 박테리오파지 λ가 숙주세포 내로 들어가 phage를 형성한다. 이와 같은 $CaCl^2$ 처리는 숙주세포의 세포막이 DNA가 infection될 수 있는 competent 상태로 유도되는 것으로 이때의 박테리아를 protoplast라고한다.

3) 형질전환의 이용

- 단백질 산물 획득 : 유용 유전자 발현을 통해 필요한 단백질 산물의 획득을 위해 이용된다.
- 기능성 생명체 획득 : 유용 유전자 발현을 통해 기능이 변화된 생명체 획득을 위해 이용된다.
- 유전자 클로닝 기능 : 적은 양의 출발물질로부터 다수의 재조합 DNA 분자 획득을 위해 이용된다.

4) 형질전환용 세포 (Competent cell)

- 대장균과 같은 박테리아를 외부 DNA를 보다 쉽게 받아들일 수 있는 상태로 만들어 준 세포를 의미한다.

5) Competent cell 제조 원리

- 일반 박테리아로 competent cell 제조 시 염화칼슘 ($CaCl_2$) 또는 RbCl(rubidium chloride)를 사용하여 제조한다.
- 일반적으로 phosphate에 의해 (−)charge를 띠는 DNA와 세포막의 diacylglycerol에 의해 (−)charge를 띠는 박테리아는 서로 척력을 가져 DNA가 박테리아 안으로 들어가기 힘든 상태이다.

- 박테리아에 divalent cation ($Ca^{2}+$, $Rb^{2}+$) 등을 처리하여 세포막 고유의 charge를 변화시킴으로, 세포막 구조를 불안정하게 하고 세포벽을 흐물흐물하게 하여 외부 DNA가 박테리아 내로 쉽게 들어갈 수 있는 상태를 만들어 준다.
- Competent cell 제조 시 약 4℃ 정도의 낮은 온도에서 수행하는 것이 좋다. 저온을 유지하는 것은 세포막을 응고시켜 세포막의 charge의 분포를 안정화 시키고 cation에 의하여 효과적인 charge shield 형성에 도움을 주기 때문이다.

6) 형질전환 방법

- 열 충격 방법 (heat shock) : Chemical transformation
  - 일반 박테리아 세포에 염화칼슘 ($CaCl_2$)을 처리하여 competent cell제조한다.
  - competent cell에 순간적인 열 충격(heat shock)을 주어 세포 내로 plasmid DNA가 들어가게 하는 방법이다.
  - Transformation efficiency = transformed colonies/ug of plasmid : $10^6 \sim 10^9$ transformants/ug of plasmid

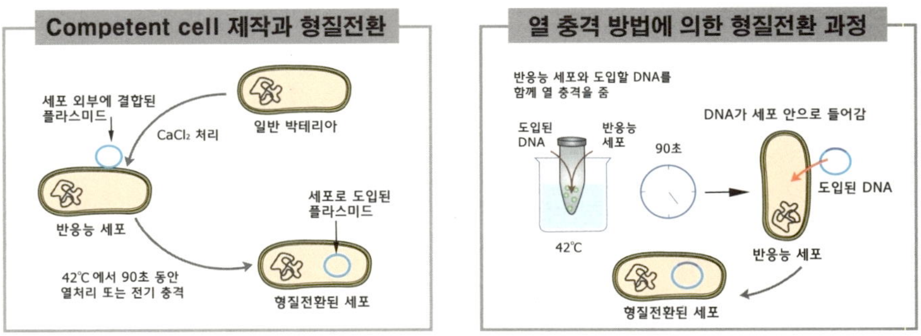

그림 Competent cell 제조와 열 충격 방법에 의한 형진전환 과정

- 전기천공법 (Electroporation)
  - competent cell에 짧고 강한 전류를 흘려주어 전기 충격에 의해 박테리아 세포막을 불안정하게하여 세포막에 순간적인 구멍이 형성됨으로써 이곳을 통해 세포 내로 plasmid DNA가 들어가게 하는 방법이다.

- 형질전환 시 짧고 강한 전류를 흘려 주므로 competent cell제조 시 ionic strength를 줄이기 위해 H_2O와 10% glycerol만 사용하여 제조한다.
- 전기 충격기 (electroporator)와 DNA 도입에 필요한 금속판이 부착된 큐벳(cuvette)이 필요하다.
- Transformation efficiency가 Chemical transformation 방법보다 10 ~ 20 배 높다.

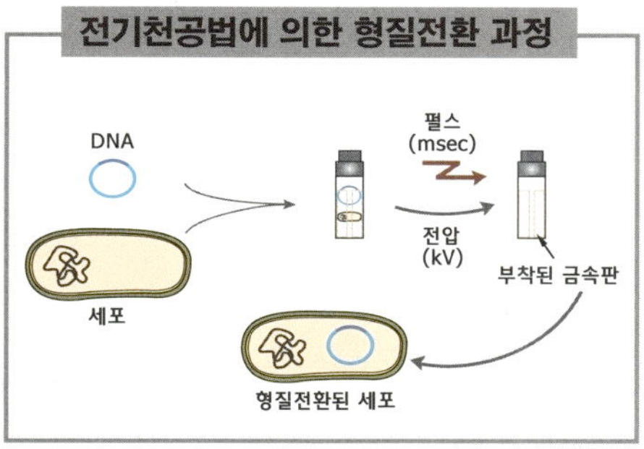

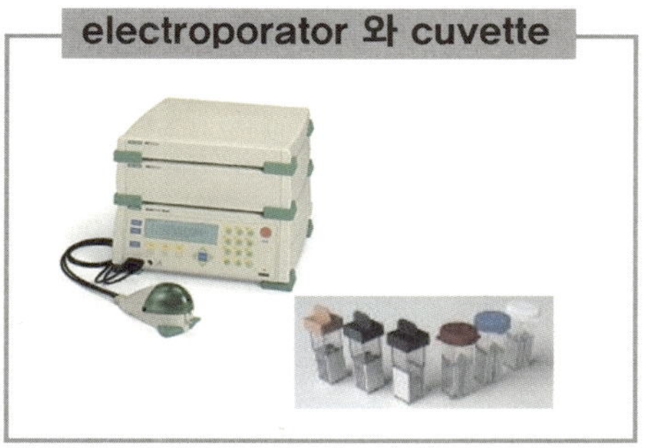

그림 전기천공법에 의한 형질전화 과정

3. 재료 및 도구

- 재료 : T4 DNA ligase, T4 DNA ligase buffer, LB broth medium, 10% Glycerol, LB agar plate, X-gal, IPTG, Ampicillin, SOB medium
- 도구 : 1.5 ml Microfuge tube, 얼음, 얼음박스, 배양기, 소형원심분리기, Gene Pulser (Bio-Rad), Electroporation cuvette

4. 실험 방법

(1) 제한효소 처리한 chromosomal DNA와 vector의 ligation

1) Moral ratio를 맞춘 insert DNA 와 vector를 준비한다
2) 1.5 ml eppendorf tube에 아래와 같이 첨가한다.

10X ligase reaction buffer	2 μl
Vector	3 μl
Insert DNA	9 μl
T4 DNA ligase	1 μl
distilled water	5 μl

3) 조심스럽게 pipetting으로 위 아래로 섞는다.
4) 16°C 또는 22°C에서 4시간 이상 반응시킨다.
5) Ligation 반응이 끝나면 4°C에 보관하였다가 박테리아의 형질전환에 사용한다.

(2) 전기천공법(electroporation)법을 이용한 transformation

1) 멸균된 0.1 cm gap electroporation cuvettes을 얼음에 넣어 냉각시킨다.
2) Deep freezer (−80℃)에 보관되어 있는 competent cell을 꺼내어 ice안에서 녹인다.
3) Competent cell에 ligation한 plasmid DNA 5 μl (10 pg~ 25 ng DNA)를 첨가하여 혼합한 후, 얼음에서 1분간 방치한다.
4) Electroporator를 셋팅한다.
   capacitance 2.5 kV (or 1.8 kV)
   electrical pulse 25 μFD
   resistance 200 ohms
5) DNA/cell 혼합한 것을 electorporation cuvette에 공기가 안들어가게 잘 넣은 후, cuvette 주위의 물기를 제거하고 pulse를 준다
6) LB배지를 500 μl 첨가한 후 180rpm, 37℃, 1hr동안 shaking incubation시킨다.
7) 100 ug/ml 항생제 Ampicillin과 X-gal이 포함된 LB 고체배지에 배양한 cell을 접종한 후 도말 한다.
8) 37℃, 16~18hr동안 배양한다.

(3) Electroporation용 competent cell 제조

1) LB plate에 자란 *E. coli* DH5α colony를 LB 배지 5 ml에 접종한 후 37℃, 180rpm으로 밤새 배양한다.

2) 배양액 5 ml을 500 ml LB 배지가 담긴 플라스크에 접종 후, O.D.600이 0.4~0.75가 될 때까지 37°C, 180rpm incubator에서 배양한다.

3) 배양액을 250 ml 원심분리 bottles에 넣고 얼음에 15분간 냉각한다.

4) 4°C에서 5,000 rpm으로 10분간 원심분리 한다.

5) 상층액을 완전히 제거한 후 50ml 멸균수를 첨가하여 부유시킨다.

6) 4°C에서 5,000 rpm으로 10분간 원심분리 한다.

7) 상층액을 완전히 제거한 후 30ml 멸균수를 첨가하여 부유시킨다.

8) 4°C에서 5,000 rpm으로 10분간 원심분리 한다.

9) 상층액을 완전히 제거한 후 미리 차갑게 해 놓은 10% glycerol 20ml를 첨가하여 부유시킨다.

10) 4°C에서 5,000 rpm으로 10분간 원심분리 한다.

11) 상층액을 완전히 제거한 후 미리 차갑게 해 놓은 10% glycerol 1ml를 첨가하여 부유시킨다.

12) 제조한 competent cell은 얼음에 약 30분정도 놓아두었다가 미리 차갑게 해 놓은 microfuge tube에 75 ul씩 분주하여 사용할 때까지 초저온냉동고(−70 ℃)에 보관한다.

(4) Calcium chloride를 이용한 competent cell 제조

1) LB plate에 자란 *E. coli* DH5α colony를 LB 배지 5 ml에 접종한 후 37℃, 180rpm으로 밤새 배양한다.

2) 배양액 1 ml을 100 ml LB 배지에 접종 후, 600nm에서의 흡광도가 0.4~0.6이 될 때까지 37°C, 180rpm incubator에서 배양한다.

3) 배양액을 50 ml tube에 넣고 얼음에서 10분간 냉각한다.

4) 원심분리기를 사용하여 4°C, 4,500 rpm으로 10분간 원심분리한다.

5) 상층액을 완전히 제거한 후 멸균하여 미리 차갑게 해 놓은 0.1 M CaCl2 용액을 원래 부피의 1/2 부피로 넣고 부유시킨다.

6) 얼음에 15분 놓아두었다가 다시 4°C, 4,500rpm으로 10분간 원심분리한다.

7) 상층액을 제거하고 처음의 1/10 부피의 0.1 M $CaCl_2$ 용액을 넣고 부유시킨다.

8) 얼음에 30분 놓아두었다가 미리 차갑게 해 놓은 1.5ml microfuge tube에 200 ul 씩 분주하고, 사용 전 까지 초저온냉동고 (−70 ℃)에 보관한다.

(5) 열 충격(Heat shock)법을 이용한 transformation

1) Deep freezer (−80℃)에 보관되어 있는 competent cell을 꺼내어 ice안에서 녹인다.
   * competent cell은 온도변화에 상당히 민감하므로 냉동된 competent cell은 사용 전 손으로 녹이지 말고 ice에서 넣어 천천히 녹여 사용한다.
2) 유전자를 첨가한 후 Ice에 20분간 넣어 둔다.
3) 42℃에서 90초간 heat shock을 시킨다.
4) Ice에 5분간 넣어 둔다.
5) LB배지를 500 μl 첨가한 후 180rpm, 37℃, 1hr동안 shaking incubation시킨다.
6) 배양한 cell은 항생제가 포함된 배지에 도말 한다.
7) 37℃, 16~18hr동안 배양한다.

실험 8 형질전환체의 확인

1. 실험의 목적

pBR322 vector에 원핵세포 유래 target gene을 cloning하고 이를 대장균에 electroporation 방법을 사용하여 형질전환 시킨 형질전환체의 확인을 위한 X-gal 배지에서 screening하는 원리와 방법을 이해하고 실험해 본다.

2. 실험의 원리

(1) 항생제에 의한 선별

1) 유전자 클로닝 및 발현 벡터로 사용되는 플라스미드 벡터는 항생제에 저항성을 가지는 유전자를 보유하고 있다. 따라서 형질전환된 대장균의 콜로니는 항생제가 함유된 배지에서 선발 가능하다.

2) 항생제 (Antibiotics)는 미생물을 죽이거나 성장을 억제시키는 물질이다.

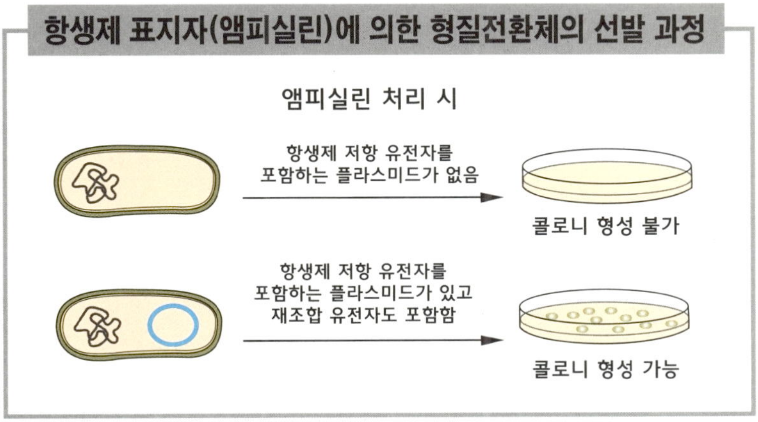

그림 항생제를 사용한 형질전환체의 선별 원리

3) 항생제의 종류와 작용

항생제	항생제 작용 메커니즘	선발 표지 유전자 및 작용
Ampicillin	펩티도글리칸 결합을 방해하여 세포벽 합성 억제	β-락타메이즈 (b-lactamase)가 앰피실린을 분해
Chloramphenicol	50S 리보솜의 펩티딜전달효소의 작용을 방해하여 단백질 합성 억제	Chloramphenicol acetyltransferase가 클로람페니콜의 작용을 저해
Gentamycin	50S 리보솜에 결합하여 단백질 합성 억제	Aminoglycoside acetyltransferase와 aminoglycoside nucleotidyltransferase가 젠타마이신 작용을 저해
Hygromycin	단백질 합성 억제	Hygromycin phosphotransferase가 hygromycin의 작용을 저해
Kanamycin	70S 리보솜에 결합하여 단백질 합성 억제	Neomycin phosphotransferase가 카나마이신의 작용을 저해
Rifampicin	RNA중합효소의 작용을 방해하여 전사 억제	rpoB 유전자 산물인 리팜피신이 RNA 중합효소에 결합하지 못하게 함
Spectinomycin	전좌를 방해하여 단백질 합성 억제	5S 리보솜 단백질을 암호화하는 rpsE 유전자의 아미노산 치환 돌연변이에 의해 스펙티노마이신이 결합하지 못함
Streptomycin	30S 리보솜에 결합하여 단백질 합성 억제	아미노글리코사이드 인산기전달효소가 스트렙토마이신을 저해
Tetracycline	아미노아실 tRNA의 리보솜 결합을 방해하여 단백질 합성 억제	테트라사이클린 억제 단백질 생성 유전자에 의한 세포외 방출(efflux) 조절

(2) lacZ 유전자 (β-galactosidase) 삽입에 의한 선별

E. coli K12 또는 *L. bulgaricus* 유래 lacZ 유전자를 유전자 클로닝 및 발현 벡터로 사용되는 플라스미드 벡터에 삽입하면 플라스미드 벡터는 lacZ 유전자를 보유하게 된다. 형질전환된 대장균은 lacZ 유전자 산물인 β-galactosidase를 생산하게 되고, 생산된 β-galactosidase는 X-gal(5-bromo-4-chloro-3-indolyl-beta-D-galactopyranoside)이 함유된 배지에서 X-gal 분해하여 blue colony 형성하게 된다. 따라서 형질전환된 대장균의 콜로니는 X-gal이 함유된 배지에서 선발 가능하다.

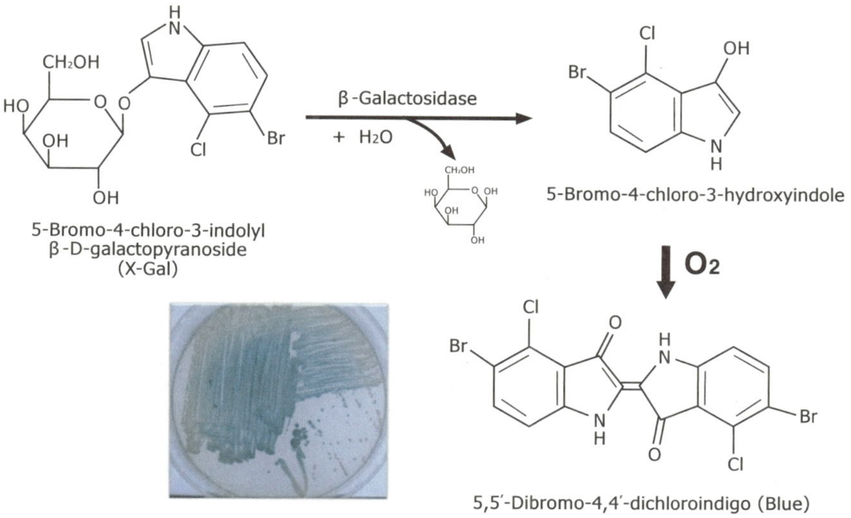

그림 β-galactosidase를 활용한 형질전환체의 선별 원리

(3) 형질전환된 대장균의 선별

1) 사용 배지

- LB + Ampicillin(100ug/ml) + X-gal (40ug/ml)

2) Blue colony

- lacZ 유전 삽입 재조합 DNA를 포함하는 세포

3) White colony

- 원하지 않는 재조합 DNA를 포함하는 세포
- 자가 연결된 vector 포함 세포

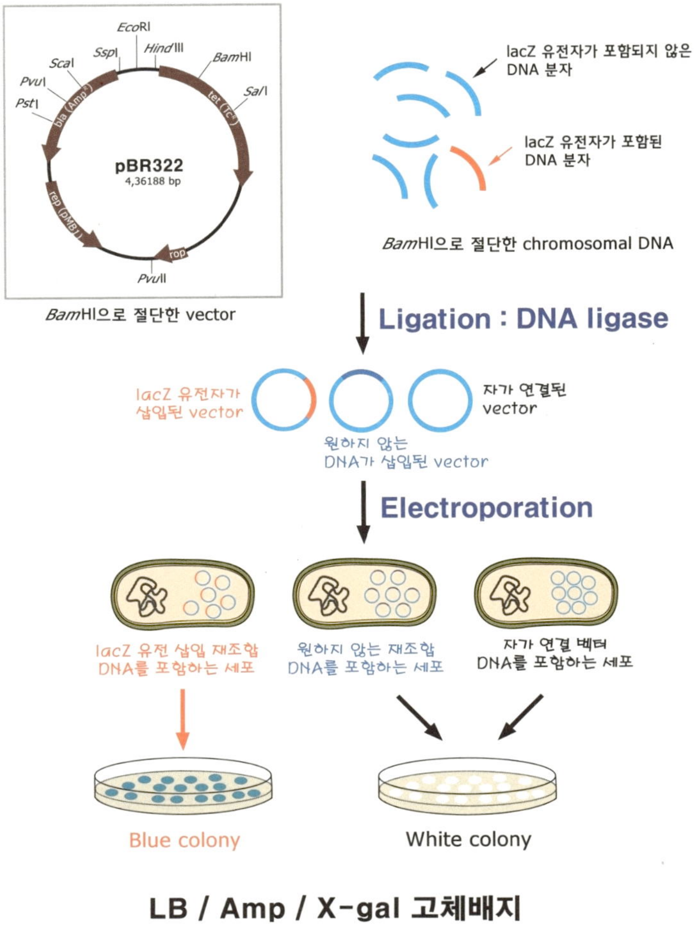

그림 유전자 클로닝 과정

3. 재료 및 도구

- 재료 : LB agar plate, X-gal, IPTG, Ampicillin
- 도구 : 배양기

4. 실험 방법

(1) β-Galactosidase 효소활성 스크리닝 용 LB/X-gal 고체배지 만들기

1) 증류수 약 50ml를 삼각플라스크에 넣는다
2) 1% tryptone, 0.5% Yeast extract, 1% NaCl을 첨가 후 잘 녹인다.
3) 1.5% Agar를 첨가하여 잘 섞는다.
4) 매스실린더로 이용하여 최종부피를 100ml를 맞춘다.
5) Autoclave를 121℃, 1.5기압의 상태에서 15분 간 고압멸균 시킨 후 50℃ 이하로 천천히 식혀준다.
6) 준비된 plate에 20~25ml씩 분주하여 천천히 굳힌다.
7) 고체배지 위에 50mg/ml X-gal 40 ㎕를 점점이 뿌리고 빠르게 spreading하여 골고루 퍼지도록 해준 후, β-Galactosidase 효소 활성에 의해 나타나는 blue colony 선별 배지로 사용한다.
   * 50mg/ml X-gal : N,N-dimethylformamide (DMF)에 50mg/ml 농도로 녹인 후, 냉동보관

(2) β-Galactosidase 유전자가 클로닝된 재조합 대장균의 선별 및 배양

1) LB/Amp (100ug/ml) 고체배지를 준비한 후, 유성펜을 이용하여 plate의 뒷면에 시료이름, 실험날짜, 실험자 성명 등을 기재한다.
2) 알코올램프에 불을 붙인 후, 각 plate 위에 50mg/ml X-gal 40 ㎕를 점점이 뿌리고 빠르게 spreading 하여 골고루 퍼지도록 함
3) 형질전환된 blue colony를 멸균된 이쑤시개를 이용하여 LB/Amp 고체 배지와 LB/Amp/X-gal 고체 배지에 streaking함
4) Plate를 호일로 감싼 후, 항온배양기에 plate를 거꾸로 넣고 37℃에서 24시간배양

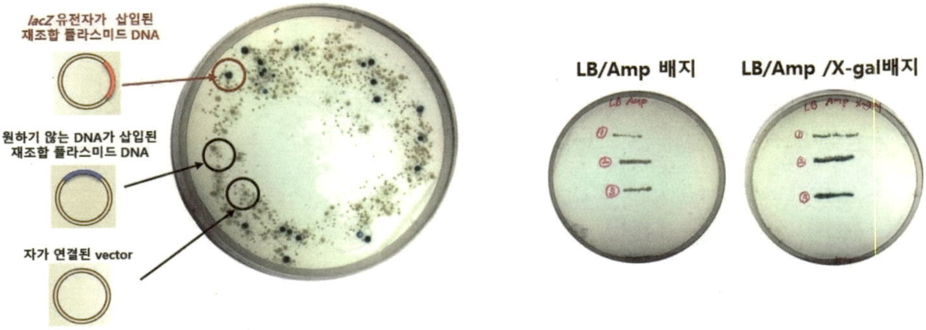

그림 형질전환된 재조합 대장균의 확인 및 선별

실험 9 PCR을 이용한 원핵세포 유전자 클로닝 방법

1. 실험의 목적

Polymerase chain reaction (PCR)을 통한 DNA를 증폭하는 원리를 이해하고 증폭된 DNA를 사용한 cloning의 원리와 방법을 이해한다.

2. 실험의 원리

(1) 중합효소 연쇄반응법(Polymerase Chain Reaction, PCR)

1) PCR이란?

- 특정 DNA 부위를 특이적으로 반복 합성하여 시험관내에서 원하는 DNA 분자를 증폭시키는 실험방법이다.
- 프라이머 (Primer)와 내열성 DNA 중합효소 (DNA polymerase)를 이용하여 짧은 시간 내에 미량의 시료에서 다량의 DNA를 얻을 수 있는 방법이다.

2) PCR의 응용

- 병원균의 감염 여부 진단
- 유전병의 존재 여부 및 유전자 돌연변이 여부 진단
- 암의 발병진단 또는 발병 가능성 예측 (ras, myc, fors 등)
- 고고학 및 고생물학 : 미라의 DNA 분석 또는 매머드와 같은 고생명체 잔존 시료 분석
- 법의학 : 범죄 현장의 시료 분석을 통한 범인 색출 또는 사체 분석
- 분류학 : 계통 분류와 유전체 분석
- 특정 부위에 돌연변이를 일으킨 유전자의 제조 (site directed mutagenesis)
- 적은 양의 mRNA로부터 특정 cDNA의 cloning
- DNA sequencing

3) PCR 과정의 모식도

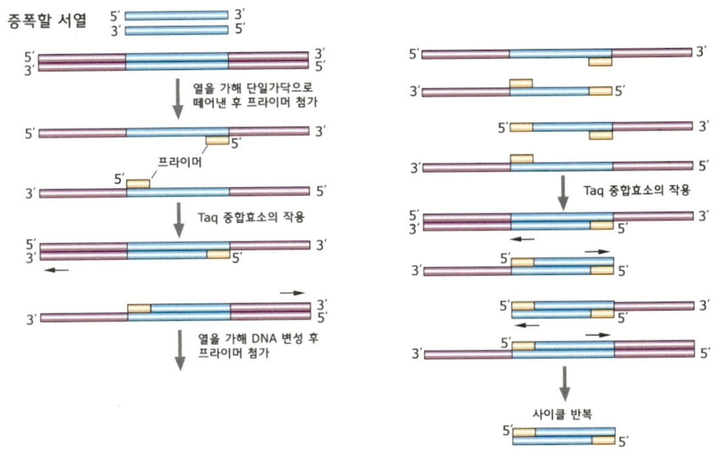

그림 PCR의 원리

(2) PCR 반응의 구성 요소

1) Template DNA

- 증폭하고자 하는 target DNA 단편을 말한다.
- Template DNA는 chromosomal DNA, 전염성 병원체의 DNA, 또는 RNA를 사용하여 제조한 complementary DNA(cDNA)나 plasmid DNA 등이 있다.
- DNA에 불순물이 혼합되어 있으면 PCR 반응을 억제할 수 있으므로 가능한 DNA를 정제하여 사용하는 것이 좋다. 정제가 안된 경우 양이 적을 때는 반응이 충분히 일어나지 않고 양이 많으면 비특이적 반응이 일어나기 때문에 주의해야 한다.
- Chromosomal DNA인 경우 1 μg 이내로 사용하고, plasmid DNA의 경우 100 pg~100 ng 정도를 사용한다
- PCR 반응이 끝난 후 전기영동상에서 비특적 DNA가 확인되거나 끌린 모양이 나타난다면 먼저 template DNA양을 줄여 보는 것이 좋다.

2) 프라이머 (Primer)

- 증폭시키고자 하는 target DNA의 양쪽 끝에서 안쪽으로 약 20 bp 내외의 염기서열에 대응하는 oligonucleotide를 DNA 합성기로 합성하여 이용한다.

- Primer의 길이는 17bp 이상이 되어야 특이적으로 DNA에 결합하고 DNA를 증폭할 수 있으므로 17bp 이상으로 합성하는 것이 좋다.
- Primer를 디자인할 때 Primer가 자체적으로 상보적인 서열을 가져 DNA 머리핀 (DNA hairpin) 구조를 형성하거나, primer의 정방향과 역방향 서로 상보적인 염기서열을 갖지 않도록 주의한다.
- Primer의 양은 0.1 ~ 0.5 uM 사용한다.

3) Taq DNA 중합효소 (DNA polymerase)

- DNA를 주형으로 하여 새로운 DNA 가닥을 합성하는 효소이다.
- 뜨거운 온천에서 사는 Thermus aquaticus에서 추출한 DNA 중합효소 I이다.
- Taq DNA polymerase는 95°C에서 40분이 지나도 50% 정도의 활성을 유지한다.
- 효소 사용량은 0.5 ~ 5 unit으로 양이 너무 많으면 비특이적 DNA가 형성될 가능성이 많고, 적으면 증폭 산물이 부족하게 되므로 최적 조건의 검토가 필요하다.
- 단점
  - 낮은 정확도 (fidelity) : 3' → 5' 방향으로 핵산분해 및 교정기능이 없기 때문에 약 100,000 nucleotide당 두개에서 열개 정도의 잘못된 중합 반응을 일으킨다.
  - 증폭시킬 수 있는 DNA의 크기도 대략 2kb 이하로 제한된다.

표. 내열성 DNA 중합효소의 종류와 특징

효소	미생물	말단분해효소 활성	오류 유발률[1] ($X10^{-6}$)	95°C에서 열 안정도[2]	PCR 산물의 말단[3]	비고
Taq	Thermus aquaticus	5'-3'	20-100	40분	3'-A	보편적으로 많이 사용
Tth	Thermus thermophilus	5'-3'	-20	20분	3'-A	역전사 활성이 있음
Deep vent	Pyrococcussp (GB-D)	3'-5'	20-45	-20분	비점착성	뛰어난 내열성
Pfu	Pyrococcus Furiosus	3'-5'	1.6	240분	비점착성	뛰어난 정확도

1. 중합과정 중 오류 유발률 : 한 뉴클레오타이드당 발생할 수 있는 오류율(errors per base replicated).
2. 효소활성이 반감되는 시간(반감기)
3. 3'-A는 3' 쪽에 한 개의 A 뉴클레오타이드 첨가(3' overhang)되는 것으로 TA클로닝이 가능하다. 비점착성은 blunt 말단으로 TA 클로닝 방식을 사용할 수 없다.

4) dNTP (deoxynucleotide triphosphate)

- dATP, dCTP, dGTP와 dTTP의 혼합 용액을 사용한다.
- 사용량은 target DNA의 길이에 따라 다를 수 있으나 각각 20~200 μM 정도 사용한다.

5) 10X PCR buffer

- Tris-HCl buffer (pH8.3) : 반응 시 pH를 유지하는 역할을 한다.
- Magnesium (Mg2+)
  - Taq 중합효소가 작용하는데 필요한 cofactor이다.
  - Mg2+ 이온의 농도가 너무 높으면 Taq 중합효소의 활성이 저해된다. 10 mM인 경우, Taq 중합효소의 활성이 40-50%의 저해된다.
  - 적합 농도는 1 ~ 5 mM 정도이다.
- KCl : primer와 target DNA결합을 도와준다.
- BSA(bovine serum albumin) : Taq 중합효소의 안정화를 도와준다.

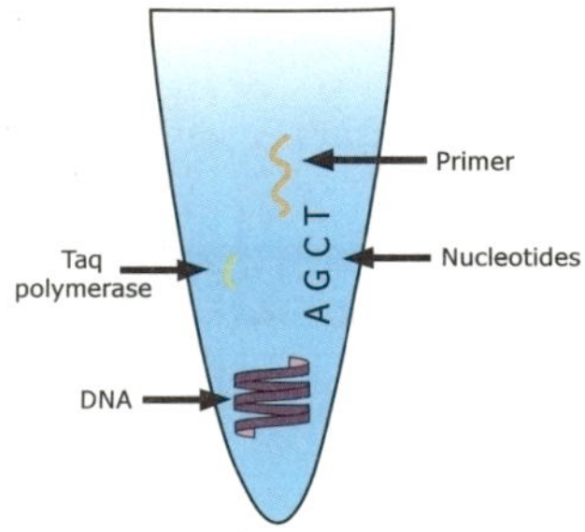

그림 PCR 반응액의 제조

(3) PCR 방법의 제한 사항

1) PCR은 primer를 필요로 하기 때문에 염기서열이 알려진 DNA만 증폭 가능한 단점이 있다.
2) 이론적으로 한 분자의 DNA만으로도 증폭이 가능하므로 표적 DNA 이외의 오염된 DNA가 있을 경우 오염된 DNA를 증폭할 가능성이 높으므로 DNA의 오염에 주의하여야 한다.

3) 공기 중 에어 졸, 파이펫 팁, 및 실험기구 등에 붙은 미량의 오염된 DNA로부터 DNA가 증폭될 가능성이 있으므로 DNA 오염에 주의하여야 한다.

4) 중합효소의 오류로 인해 돌연변이가 일어난 DNA를 얻을 수 있다. 따라서 PCR로 유용 유전자를 얻는 경우 반드시 유전자 염기서열을 확인할 필요가 있다.

(4) PCR 산물의 클로닝

1) 제한효소 자리가 있는 Primer를 이용하는 방법

- PCR에 사용되는 primer에 적절한 제한효소 자리를 삽입하고, 삽입된 제한효소 자리를 이용하여 클로닝을 한다.
- 표적 DNA에 결합하는 primer의 5' 쪽에 제한효소 자리를 갖는 oligonucleotide가 결합된 primer 합성하여 사용한다.
- PCR 수행 후 PCR 산물을 제한효소로 절단하고, 절단된 DNA 절편을 실험에 사용된 vector에 삽입하여 클로닝을 한다.

2) TA 클로닝 (TA cloning) 방법

- Taq 또는 Tth DNA 중합효소는 PCR 산물의 3' 말단에 하나의 아데닌 (A)이 첨가된다.
- 비점착성 말단에 하나의 3'-T(티민)가 돌출된 vector (T vector)와 PCR 산물을 연결하여 클로닝 한다.
- Pfu나 Deep vent 중합효소는 비점착성 말단의 PCR 산물을 생성하므로 T vector를 이용한 TA cloning을 수행 할 수 없다.

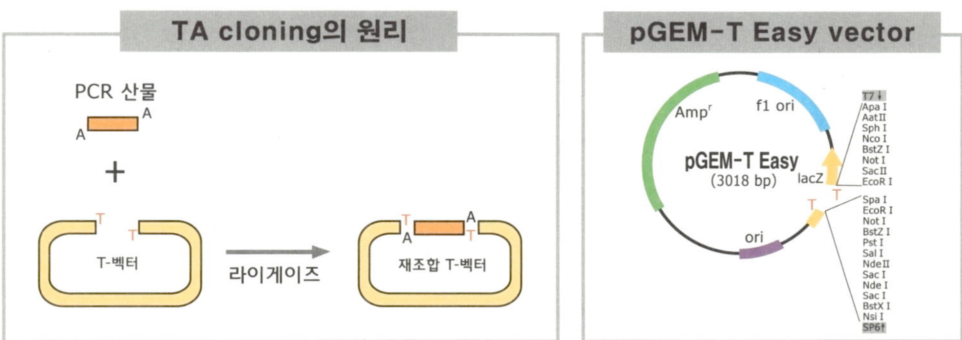

그림 pGEM-T Easy vertor와 TA cloning의 원리

3. 재료 및 도구

- 재료 : Taq polymerase, Template DNA, 멸균증류수, Primer 한쌍
- 도구 : PCR tube, Thermal cycler, 얼음, 얼음박스
- Taq polymerase
- Template DNA
- Primer 한쌍

4. 실험 방법

(1) PCR 실험 수행

1) PCR tube에 다음과 같이 넣는다.

10X PCR buffer	5 ul
2.5mM dNTP	4 ul
100μM Primer F	1 ul
100 uM Primer R	1 ul
Template DNA	1 ul
Taq polymerase (5 U/ul)	1 ul
멸균수	up to 50 ul

❖Template DNA

- *L. bulgaricus*로부터 추출한 chromosomal DNA
- 재조합 플라스미드 (*E. coli* K12 유래 β-galactosidase)

2) PCR machine을 다음고 같이 setting한다

Initial denaturation : 95℃ 5min

Denaturation :	95℃ 1min ┐	
Annealing :	45℃ 1min ├	25 cycles
Extension :	72℃ 2min ┘	
Final extension :	72℃ 5min	

Store : 16℃ store

3) Tube를 PCR machine에 넣은 후, 바로 작동 시킨다.

4) PCR 반응이 끝나면 1% agarose gel을 사용하여 전기영동을 시행한다.

(2) 아가로즈 젤 전기영동 사용 PCR 결과의 확인

1) 1% agarose gel을 전기영동 tank에 넣은 후, Gel을 1 mm 정도의 두께로 덮을 수 있게 전기영동 완충용액(1x TAE)을 충분히 가한다.

2) 전기영동을 위한 시료를 준비한다.
(PCR 산물 5 μl + 6Xloading dye 1 μl)

3) Agarose gel에 PCR 산물 시료를 loading 한다.

4) 전기영동 tank의 뚜껑을 닫고 DNA가 음극에서 양극 쪽으로 이동할 수 있도록 셋팅하고, 100 mV의 전압을 가한다.

5) 전기영동이 끝나면 전원을 끄고 전기영동 tank의 뚜껑을 연 후, gel을 자외선 하에서 관찰하고 촬영한다.

(3) PCR 산물의 클로닝

1) PCR 산물 DNA와 vector의 ligation (TA cloning)

① 아래 적은 사항 대로 조심스럽게 첨가한다.

10X ligase reaction buffer	2 μl
Vector	3 μl
Insert DNA	9 μl
T4 DNA ligase	1 μl
distilled water	5 μl

② 조심스럽게 pipetting으로 위 아래로 섞는다.

③ 16℃ 또는 22℃에서 4시간 이상 반응시킨다.

④ Ligation 반응이 끝나면 4℃에 보관하였다가 박테리아의 형질전환에 사용한다.

2) 전기천공법(electroporation)법을 이용한 transformation

① 멸균된 0.1 cm gap electroporation cuvettes을 얼음에 넣어 냉각식힌다.

② 초저온냉동고(-70℃)에 보관되어 있는 competent cell은 ice안에서 녹인다.

③ Competent cell에 ligation한 plasmid DNA 5 μl (10 pg~ 25 ng DNA)를 첨가하여 혼합한 후, 얼음에서 1분간 방치한다.

④ Electroporator를 셋팅한다.

capacitance 2.5 kV (or 1.8 kV)

electrical pulse 25 μFD

resistance 200 ohms

⑤ DNA/cell 혼합한 것을 electorporation cuvette에 공기가 안들어가게 잘 넣은 후, cuvette 주위의 물기를 제거하고 pulse를 준다

⑥ LB배지를 500 ㎕ 첨가한 후 180rpm, 37℃, 1hr동안 shaking incubation시킨다.

⑦ 100 ug/ml 항생제 Ampicillin과 X-gal이 포함된 LB 고체배지에 배양한 cell을 접종한 후 도말 한다.

⑧ 37℃, 16~18hr동안 배양한다.

실험 10 재조합 대장균으로부터 재조합 플라스미드 DNA의 분리

1. 실험의 목적

대장균으로부터 재조합 플라스미드 DNA를 신속하고 정확하게 분리 및 정제해 본다.

2. 실험의 원리

(1) 재조합 플라스미드 DNA의 분리

1) 재조합 플라스미드 DNA의 분리 과정은 아래와 같다.

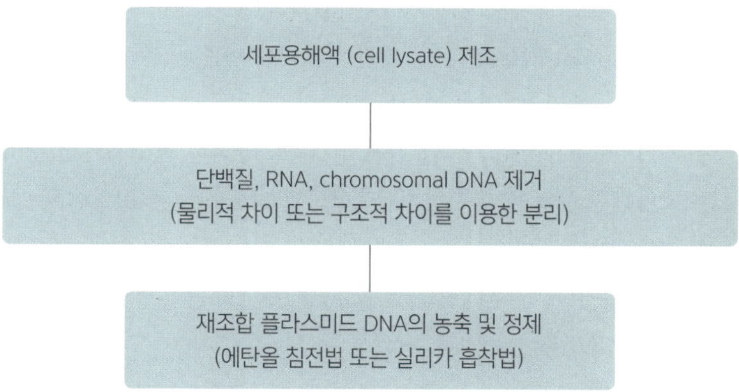

2) 재조합 플라스미드 DNA와 chromosomal DNA의 분리 원리

- 크기의 차이점 : 플라스미드 DNA은 chromosomal DNA에 비해 크기가 매우 작다.
- 구조적 차이점 : DNA 분리 과정 중 플라스미드 DNA은 원형이고, chromosomal DNA는 linear 형태의 구조적 차이가 있다.

3) 크기에 기초한 재조합 플라스미드 DNA 분리 방법

- 대장균의 chromosomal DNA 파손을 막기 위해 부드럽게 수행한다.
- Sucrose를 첨가하여 세포의 형태를 유지시키며, EDTA와 lysozyme을 사용하여 세포벽을 부분적으로 파괴한다.

- Triton X-100과 같은 비이온성 세제를 사용하여 세포를 용해한다.
- 원심분리를 하여 크기 차이가나는 플라스미드 DNA와 chromosomal DNA를 분리한다.

4) 알칼리 변성법 (Alkaline lysis)에 의한 재조합 플라스미드 DNA 분리 방법 (구조적 차이)
- 비초나선형 DNA (unsupercoiled DNA, chromosomal DNA)가 좁은 pH 범위 내에서 변성(denaturation)되는 반면, 초나선형 플라스미드는 변성되지 안는 특성을 이용한 방법이다.
- glucose를 첨가하여 세포의 형태를 유지시키며, EDTA를 사용하여 세포벽을 부분적으로 파괴한다.
- SDS와 같은 이온성 세제를 사용하여 세포막 용해한다.
- NaOH를 세포 용해액에 첨가하여 pH가 12.0 ~ 12.5이 되면 비초나선형 DNA (chromosomal DNA)의 수소결합이 깨어져 이중 나선 구조가 풀리게 되고, 초나선형 DNA (플라스미드 DNA)는 변성되지 않는다.
- 산 (sodium acetate) 첨가로 pH 7.0으로 급격히 복구시키면 플라스미드 DNA는 초나선형 구조를 유지하지만, 변성된 chromosomal DNA는 renature되지 못하고 엉기게 된다
- 원심분리를 하여 뭉쳐진 chromosomal DNA와 불용성 물질의 제거를 통하여 플라스미드 DNA를 분리한다.
- NaOH, SDS, sodium acetate에 의해 단백질과 RNA가 불용성이 되어 원심분리에 의해 제거된다.

5) 알칼리 변성법 (Alkaline lysis)에 의한 재조합 플라스미드 DNA 분리 방법 (구조적 차이)

· 플라스미드 DNA 분리에 사용하는 시약

용액	구성성분	역할
Solution I (세포 현탁 용액)	50 mM glucose 25 mM Tris-Cl, pH 8.0 10 mM EDTA RNase A	· EDTA : 세포벽을 유지하는 데 필수적인 calcium ion을 제거하여 세포벽이 군데군데 무너지게 함 · Glucose : 삼투압을 유지시켜 세포의 외형 유지 · 세포 현탁 과정 중 vortex 사용 시 세포가 완전히 깨지게 되면 chromosomal DNA가 잘게 깨지게 되어 plasmid DNA와 구분 할 수 없게 됨. 세포를 유지시켜가면서 세포벽만 깨는 것임 · RNA 분해
Solution II (세포 용해 용액)	0.2 N NaOH 1% SDS	· SDS : ionic detergent로 세포막 파괴 · NaOH : DNA를 denaturation시킴
Solution III (중화 용액)	5 M potassium acetate, glacial acetic acid	· pH 중화에 의한 DNA의 Renature시키는 산성용액 · Chromosomal DNA는 SDS와 potassium과 함께 엉기게됨

(2) 재조합 플라스미드 DNA의 정제

1) 알코올침전법

- DNA는 적당한 salt 농도와 적당한 alcohol 농도 하에서 침전된다.
- 주로 Ethanol을 많이 사용하며, 알코올 침전 시에는 monovalent salt ion (sodium 이나 potassium 등)이 필요하다.
- Ethanol의 경우 2~2.5 volume, Isopropyl alcohol의 경우 동량을 첨가하여 DNA를 침전한다.

2) 실리카 흡착법 (silica adsorption)

- Chaotropic 염 존재 시 실리카 레진이 핵산과 서로 결합하는 성질을 이용한 방법이다.
- 고농축의 염 용액이 DNA 분자를 실리카 레진이 함유된 컬럼 (column)에 결합시키고, 저염의 완충액 또는 증류수를 이용하여 실리카 컬럼으로부터 DNA를 분리하여 회수한다.

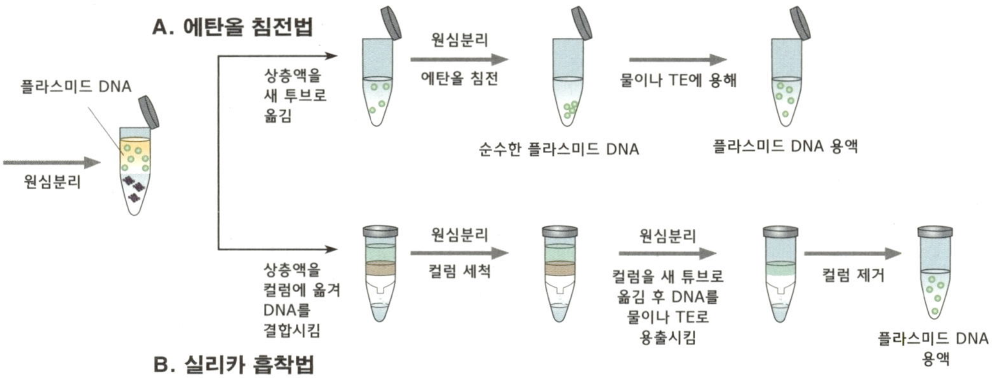

그림 재조합 플라스미드 DNA의 정제 및 농축 방법

3. 재료 및 도구

- 재료 : Alkaline lysis solution (I, II, III), 70% ethanol, Ampicillin, LB broth
- 도구 : 1.5 ml microfuge tube, shaking incubator, 원심분리기, 얼음, 얼음박스, voltexer

4. 실험 방법

(1) 재조합 대장균으로부터 재조합 플라스미드 DNA의 분리

1) LB/Amp 고체배지에서 배양한 pBR322-lacZ/E. coli DH5a 균주의 single colony를 따서 LB/Amp broth 5ml에 접종 후 37 ℃ shaking incubator에서 250 rpm으로 24시간 배양한다.
2) 배양액을 1.5 ml Eppendorf tube에 넣고, 13,000 rpm에서 30초간 원심분리 후, 상층액을 제거한다.
3) Cell pellet에 250 ㎕ solution I buffer 첨가한 후 vortexing하여 현탁시킨다 (세포용해).
4) 250 ul solution II buffer 첨가 후 혼합한다 (inverting 4 ~ 5회, 세포막 파괴 및 DNA 변성).

5) 350 ul solution III buffer 첨가 후 혼합한다 (inverting 4 ~ 5회, 중화).

6) 4℃, 13,000 rpm, 10분간 원심분리한다.

7) 상층액을 DNA-prep Column에 옮긴 후, 13,000 rpm에서 30초간 원심분리한 후 Column을 통과한 용액을 제거한다.

8) Column에 70% Ethanol 700 ul 첨가한 후, 13,000 rpm에서 30초간 원심분리 한 후 Column을 통과한 용액을 제거하고, 추가로 1분간 원심분리를 한다 (건조).

9) Column을 새 1.5 ml Eppendorf tube에 옮긴 후, Column에 dH2O 100ul를 첨가하고 1분간 상온에 방치한다.

10) 13,000 rpm에서 1분간 원심분리하여 재조합 플라스미드 DNA를 회수한다.

(2) 아가로즈 젤 전기영동 사용 재조합 플라스미드 DNA 확인

1) 1% agarose gel을 gel tank에 넣은 후, Gel을 1 mm 정도의 두께로 덮을 수 있게 전기영동 완충용액(1x TAE)을 충분히 첨가한다.

2) 전기영동을 위한 시료 준비를 준비한다.
(플라스미드 DNA 3 ul + 6Xloading dye 1 ul)

3) Agarose gel에 준비한 플라스미드 DNA 시료를 loading 한다.

4) 전기영동 tank의 뚜껑을 닫고 DNA가 음극에서 양극 쪽으로 이동해갈 수 있도록 셋팅하고, 50~100 V의 전압을 가한다.

5) 전기영동이 끝나면 전기를 끄고 전기영동 tank의 뚜껑을 연 후 gel을 자외선하에서 관찰하고 촬영한다.

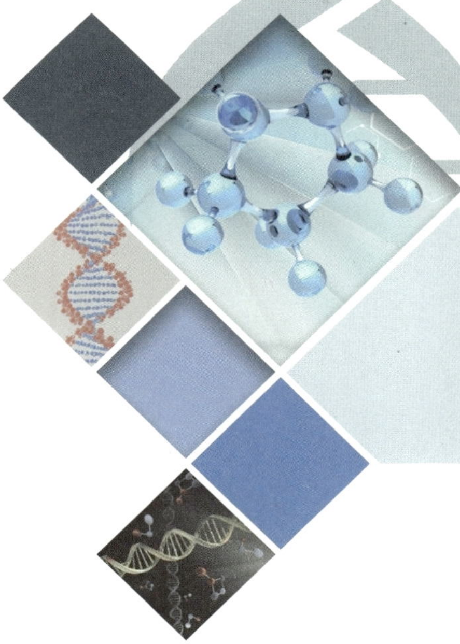

03

재조합 단백질 실험 : 단백질(효소)의 정제 및 특성

제 3장

재조합 단백질 실험 : 단백질(효소)의 정제 및 특성

실험 1. 유전자클로닝을 통한 재조합 단백질의 생산

실험 2. 재조합 단백질 정량 및 SDS-PAGE를 통한 분석법

실험 3. 재조합 단백질 정제

실험 4. 재조합 단백질 특성: β-galactosidase 활성 측정 및 특성 연구

실험 1 유전자클로닝을 통한 재조합 단백질의 생산

1. 실험의 목적

단백질(효소)에 대해 이해하고 유전자클로닝을 통한 재조합 단백질을 생산해 본다.

2. 실험의 원리

(1) 단백질(효소) 연구의 목적

1) 단백질은 모든 생명체에 있어서 필요한 대사 및 합성과정의 생화학반응을 담당하고 있다. 따라서 단백질의 분리 · 정제를 통한 단백질의 특성 연구는 매우 중요하다.
2) 단백질의 기능 및 구조의 상호관계를 규명하므로 단백질의 생화학적인 역할을 확인하고 이를 각 분야에 확대 적용시키기 위해서다.

(2) 단백질(효소) 실험의 주의사항

1) 저온 (1 ~ 5℃)에서 처리 또는 보존할 것
2) 가능한 단시간에 처리할 것
3) 적당한 pH에서 실험 또는 보존할 것
4) 단백질의 변성, 실할 (활성의 소실)을 최소한 줄일 것
5) 안정화 시약을 첨가할 것
6) Protease 저해제를 첨가할 것
7) 심하게 교반을 하지말 것
8) 장기보존의 경우 동결 보존할 것 (가능한 초저온 냉동고 사용)

(3) 완충용액 (buffer)

1) 단백질 용액의 pH 조절 목적 : 단백질의 안정화, 효소 등의 활성 측정, 각종 크로마토그래피의 조건 설정 등
2) 완충용액의 선택 조건

- 분광학적인 방법에 의한 측정과 단백질의 검출(크로마토그래피의 경우 등)을 방해하지 않아야 한다.
- 효소적 또는 비효소적인 반응의 경우에 완충제 자신이 변화하거나 반응을 저해하지 않아야 한다.
- 금속이온과 복합체를 형성하지 않아야 한다.

(4) 단백질의 변성 방지 시약

1) 단백질의 불활성화 요인은 열, 변성제, 극단의 pH 및 protease에 의한 분해 등이 있다.
2) 단백질의 특성이 분명하지 않을 경우 중성 근처의 pH, 저온 (4 ℃) 및 생리적 이온 강도 (0.1 ~ 0.2)에서 실험한다.
3) 단백질 안정화 시약은 다음과 같다.
   - 방부제 : Sodium azide (0.05 ~ 0.1%)
   - 다수산기성 화학물 (당, Glycerol) : 단백질의 열변성, 산성변성 및 동결에 의한 변성에 안정화
   - SH기 보호제, 산화방지제 : 2-mercaptoethanol, dithiothreitol(DTT)
   - Protease inhibitor

Protease inhibitors	Inhibits	Working concentration
Pepstatin A	• Acid proteases (pepsin, renin, cathepsin D, chymosin)	1 uM
Phenylmethylsulfonyl fluoride(PMSF)	• Serine proteases(chymotrypsin, trypsin, thrombin) • Thiol proteases(papain)	0.1-1 mM
p-APMSF	• Serine proteases	10-100 uM
Tosyl phenylalanyl chloromethyl ketone(TPCK)	• Serine and cysterine proteases (chymotrypsin, bromelain, ficin, papain)	5-100 uM
Ethylenediamine- tetraacetic acid (EDTA)	• metalloproteases	1-5 mM
Leupeptin	• Serine and thiol prteases (papain, plasmin, cathepsin B)	1 uM
Aprotinin	• Serine proteases (plasmin, kallikrein, trypsin, chymotrypsin)	0.01-0.3 uM

(5) 세포 파쇄 (cell disruption)

1) 세포 파쇄는 단백질의 분리 정제의 가장 처음 단계는 세포벽, 세포막, 원형질막 등을 파쇄하여 목적 단백질을 추출하는 단계로, 세포파쇄 방법은 Rotor-stator Process, Valve-type process, Sonication, Freeze and Thaw process, 및 Chenical methods 등이 있다.

2) Rotor-stator Processors
   - 가장 쉽게 접할 수 있는 물리적 용해 방법으로 회전 칼날로 cell을 분해하는 하는 방법이다.
   - 관련 장비는 Blender, polytron 등이 있다.
   - 단점 : 용해 되기 어려운 효모나 진균류에는 잘 동작하지 않는다. 또한 단백질의 Yield가 일정하지 않은 경우가 많다.

3) Valve-type processors
   - 좁은 공간 사이로 샘플을 흘려주어 압으로 인해 cell이 뭉게져 파괴되게 하여 파쇄하는 방법이다.
   - 장비로는 Homogenizer, French press 등이 있다.
   - 단점 : 고압으로 인해 생기는 열로 인해 단백질이 변성될 수 있고, 큰 volume의 sample에는 적용 불가능하다.

4) Sonication
   - 초음파 영역(20 ~ 50 kHz)의 음파(sound wave)에 의해 생기는 수증기가 다시 터지면서 생기는 충격파를 이용하여 cell을 파쇄하는 방법이다.
   - 초음파를 일정한 pulse로 주면서, sample에 가하는 에너지를 조절할 수 있다
   - 단점 : 고온의 열을 발생시키므로, 열에 약한 단백질은 변성될 수 있다. 소음이 크고, 소량의 sample (최대 100 mL)에서만 사용이 가능하다. 또한 단백질의 yield가 일정하지 않는 경우가 많다.

5) Freeze & Thaw process
   - 물이 얼면서 나타나는 부피 변화, 육각 결정구조 형성에 의해 cell이 찔리거나 수축 및 팽창하게 되면서 cell을 파쇄하는 방법이다.
   - 얼리는 것은 −70℃ ethanol, liquid nitrogen, dry ice 등으로 하고, 녹이는 것은 37℃ bath에서 진행한다.

- 단점 : 단백질 또한 물의 육각 결정구조에 의해 깨질 수 있고, 얼었다 녹음을 반복하게 되면서 구조적 변화가 일어나는 경우가 많다.

6) Chemical methods

- Detergent methods, Enzyme methods 등이 있다.
- Detergent methods의 경우, 세포벽을 뭉개기 위해 EDTA를 같이 넣어주기도 한다.
- DNA 추출 혹은 단백질의 발현 양을 확인하기 위한 SDS-PAGE sample을 만드는 등의 확인용으로 이용된다.
- 대량의 단백질을 lysis하는 경우에는 detergent에 의해 단백질이 denaturation 되거나 enzyme 들에 의해 잘려질 수 있기 때문에 사용하기 어렵다.

(6) 원심분리 (Centrifugation)

1) 원심력에 의해 용액중의 고체입자 또는 미립자를 분리하는 조작이다.

2) Subcellular Fraction

- 8,000 X gravity(10 min) : Nuclei sediment
- 15,000 X gravity(10 min) : Mitochondria, lysosome, and peroxisomes sediment
- 100,000 X gravity(60 min) : Fragments of the plasma membrane and endoplasmic reticulum sediment
- 200,000 X gravity(3 hours) : Ribosomes sediment

3) 원리 분리의 종류 (원심분리기의 회전속도에 따른 분류)

- 저속 원심분리 (low-speed centrifug)
  - 일반적으로 6,000 rpm 이하의 속도를 낼 수 있다.
  - 속도의 정밀한 조절이 어렵고 주로 세포나 핵 등과 같이 크기가 크고 쉽게 침전되는 시료의 원심분리에 이용된다.
- 고속 원심분리기 (high-speed centrifuge)
  - 최고속도가 20,000~25,000 rpm으로 냉각장치를 갖추고 있다.
  - 주로 세포, 핵, 세포내 소기관 등의 분리에 이용된다.

• 초원심분리 (ultracentrifuge)

– 최대속도가 40,000~80,000 rpm으로– 냉각기와 진공장치를 갖추고 있다.

–세포, 핵, 세포 내 소기관, 세포막 구성성분, 리보솜 등의 분리에 이용된다.

3. 실험 방법

1) 재조합 대장균의 single colony를 따서 LB/Amp broth 5ml에 접종 후 37 ℃ shaking incubator에서 200 rpm으로 16~18 hour(over night) 배양한다.
2) 배양액을 1.5 ml Eppendorf tube에 넣고, 13,000 rpm에서 30초간 원심분리 후, 상층액 제거하고 균체를 회수한다.
3) 균체를 냉각시켜둔 0.1M sodium phosphate buffer (pH 7.0) 500 ul를 첨가하여 현탁한다.
4) 다음과 같이 설정한 조건에서 sonicator를 사용하여 ice속에서 냉각하면서 균체를 파쇄한다.

Sonicator lysis condition

On	1 sec
Off	2 sec
Total time	5 min
Power	30%

5) 초음파 처리에의해 파쇄한 sample을 4℃, 12,000 rpm, 20min간 원심분리한다.
6) 원심분리하여 상등액과 pellet을 구분하고, 새 1.5 ml eppendorf tube에 상등액만 회수하여 재조합 단백질로 사용한다.
7) 회수한 상등액은 4℃ 또는 –20℃에 보관한다.

실험 2 재조합 단백질 정량 및 SDS-PAGE를 통한 분석법

1. 실험의 목적

Bradford법을 사용하여 재조합 단백질을 정량하고, SDS-PGAE의 gel의 성분의 작용과 원리에 대하여 이해하고 SDS-PGAE를 수행하여 재조합 단백질의 발현과 분자량을 확인한다.

2. 실험의 원리

(1) 재조합 단백질 정량 방법

1) 재조합 단백질 정량이란 시료 내에 포함되어 있는 단백질의 양 또는 농도를 정량하여 구하는 과정을 말하며, 재조합 단백질 정량 방법은 UV spectrophotometry, Biuret method, Lowry method, BCA method, 및 Bradford method등이 있다.

2) UV spectrophotometry

- 단백질용액의 흡광도를 분광 광도계를 사용하여 측정하는 방법이다.
- 단백질의 아미노산 중 방향족 아미노산인 phenylalanine, tyrosine, tryptophan 등의 benzene ring 구조가 280 nm에서 최대 흡광을 나타내기 때문에 이를 이용하여 280nm에서 흡광도를 측정하여 농도 계산한다.
- 측정 범위 : 50 ug/ml – 1 mg/ml 범위의 단백질양
- 빠르고 단백질 변성이 없다.
- 아미노산 조성에 따라 값이 달라진다.
- 흡광계수를 알고 있는 단백질의 농도 결정, 또는 chromatography를 행한 뒤 어느 부근에 어느 정도의 단백질이 용출되었는가를 대략적으로 조사할 경우 사용된다.

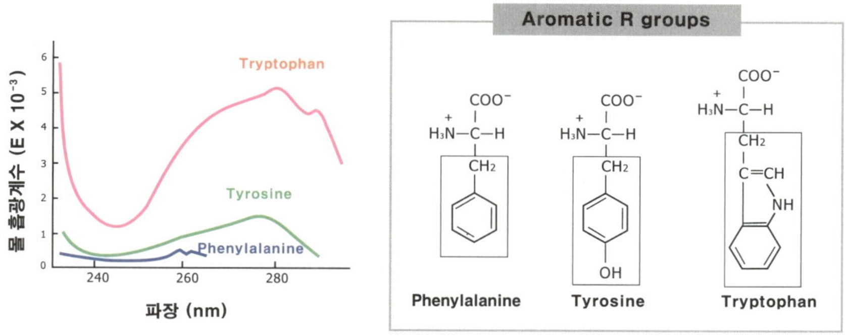

그림 방향족 아미노산의 흡광도

3) Biuret method

- 가장 고전적인 비색 정량법이다.
- 알칼리 조건하에서 +2가구리이온(Cu^{2+})이 단백질의 펩타이드 결합 부위의 질소(nitrogen)와 결합하여 보라색 착화합물을 생성하고, 540~560 nm에서 흡광하는 것을 이용한 방법이다.
- 장점 : 아미노산 조성에 따른 차이 없다.
- 단점 : 감도가 낮아 많은 양의 단백질이 필요하다. (1 ~ 10 mg/ml)

4) Lowry method

- 1 단계 (Biuret reaction) : 알칼리 조건하에서 +2가구리이온(Cu^{2+})과 단백질의 펩타이드 결합 간에 complex를 형성하여 +2가구리이온 (Cu^{2+}) 이 +1가구리이온(Cu^{+})으로 환원시키는 단계이다.
- 2단계 (Folin-Ciocalteu reaction) : +1가구리이온(Cu^{+})과 트립토판(tryptophan), 티로신(tyrosine), 페닐알라닌(phenylalanine)과 같은 aromatic residue가 폴린 시오칼토 시약(phosphomolybdate and phosphotungstate, 노란색)을 환원시켜서 진한 청색으로 발색되어 750 nm 파장에서 가장 높은 흡광도를 나타내고, 이를 이용하여 750 nm에서 흡광도를 측정하여 농도를 계산한다.
- 장점 : 우수한 민감도장점 (0.2 ~ 2mg/ml), 아미노산 조성의 영향을 적게 받는다.
- 단점 : 계면활성제, EDTA, chelating compound, DTT등에 쉽게 방해 받는다.

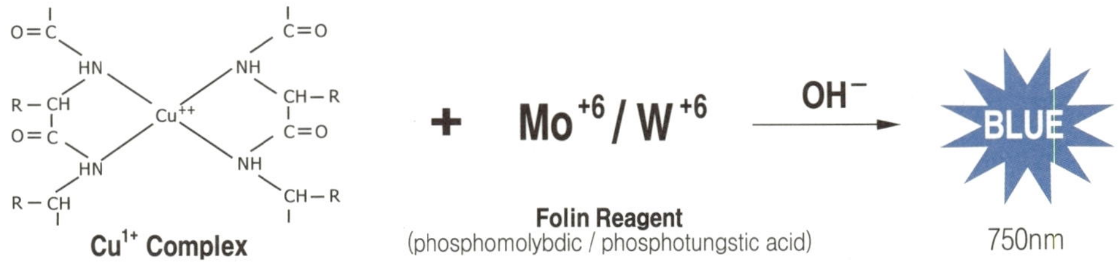

그림 Lowry method에 의한 단백질 정량

5) BCA method

- Lowry법을 개량한 것으로 folin 시약의 반응대신 Bicinchoninate(BCA)가 +1가 구리이온 (Cu^{+})과 복합체를 형성하여 보라색으로 발색하는 반응을 이용한 방법이다
- 장점 : Lowry와 비교해서 방해물질 특히 계면활성제의 영향을 덜 받고, 감도 (0.1 ~ 1 mg/ml), 신뢰성, 및 직선성이 높다.
- 단점 : 반응 시간이 비교적 오래 걸린다.

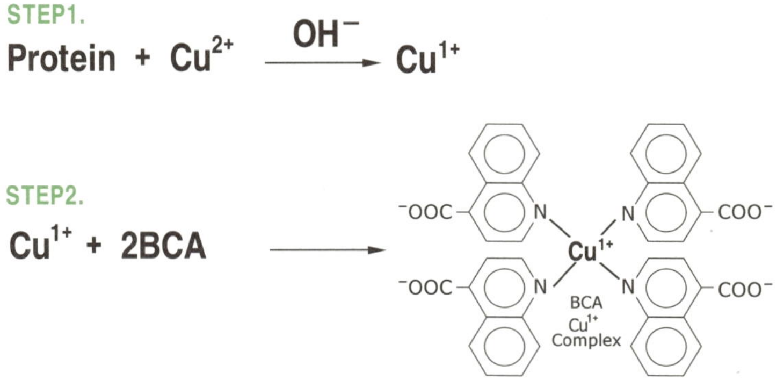

그림 BCA method에 의한 단백질 정량

6) Bradford method

- Coomassie Brilliant Blue G-250(CBBG)가 단백질의 염기성 아미노산 (lys, arg)과 방향족 아미노산 (trp, tyr, his, phe)에 결합하여 흡수파장이 465nm에서 595nm로 이동하는 것을 이용하는 방법이다.
- CBBG가 free dye의 형태로 있을 때 최대 흡수파장은 465 nm (red) 이지만, 아미노산과 결합하여 anionic form일 때의 최대 흡수파장은 595 nm (blue)인 특징을 이용한 방법이다.
- 장점 : 측정 시간이 짧고 (10 min), 감도가 매우 우수 (20ug/ml~200ug/ml)하다.
- 단점 : 단백질 종류에 따라 측정 결과가 달라질 수 있고, 사용한 단백질은 비가역적으로 변성된다.

(2) SDS-PolyAcrylamide Gel Electrophoresis (SDS-PAGE)

1) SDS-PAGE의 원리

- 아가로스 전기영동과 같이 전하를 띤 단백질을 전기장이 걸린 다공성 매질을 사용하여 크기별로 분석하는 방법이다.
- 음이온성 계면활성제인 Sodium Dodecyl Sulfate (SDS)를 이용하여 모든 단백질이 동일한 (−) 전하를 띄도록 만든 후, polyacrylamide gel 상에서 단백질의 분자량에 의한 이동속도의 차를 이용하여 단백질을 분리한다.
- 단백질의 분리 뿐 아니라 눈으로 확인이 가능하므로 시료내의 다른 단백질 수 또는 특정 단백질 시료의 순도를 빨리 추정 가능하다.
- 단백질의 분자량 (molecular weight)과 등전점 (isoelectric point)과 같은 단백질의 중요한 성질 확인이 가능하다.

2) 아크릴아마이드 젤 (Acrylamide gel)

- 단백질은 핵산보다 분자량이 작기 때문에 아가로오스와 같이 구멍이 큰 매질은 사용할 수가 없어 아크릴아마이드 젤을 사용한다.
- 아크릴아마이드 젤 조성
  - Acrylamide/bis-acrylamide : 가교 형성하는 재료
  - Ammonium persurfate (APS) : Radical 반응을 시작시키는 개시제

– Tetramethylethylenediamine (TEMED) : Radical 반응과 polymerization을 촉매

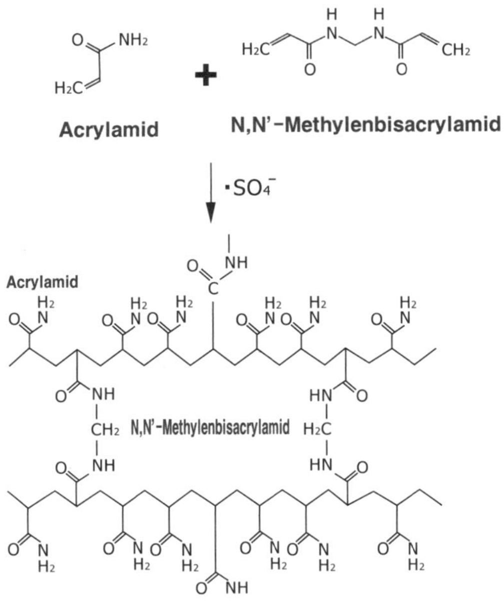

그림 아크릴아마이드 겔의 구조

3) 황산 도데실 나트륨 (Sodium Dodecyl Sulfate, SDS)

- SDS는 친수성기와 소수성기를 모두 가지고 있는 양친매성의 특성을 가지는 대표적인 계면활성제 (detergent)이다.
- SDS의 소수성 부분이 단백질 내부의 소수성 아미노산과의 소수성 결합을 하여 SDS의 친수성 부분인 황산기의 음전하가 단백질의 표면에 나타남으로 단백질의 삼차원 구조가 풀리며 선형화 (linearized)되고 단백질은 음전하를 띄게 된다.
- 일반적으로 단백질을 구성하는 아미노산 2개에 SDS 1개가 결합하여 단백질들은 고유의 전하를 잃고 SDS에 의해 음전하를 띄게 된다.
- SDS의 작용으로 변성된 단백질은 막대기처럼 펼쳐진 상태로 아크릴아마이드가 만든 그물구조를 통과하게 되고, 크기가 큰 단백질일수록 그물구조를 빠져 나오

는데 시간이 걸리기 때문에 이동속도가 느려지게 되고 이를 통해 단백질들이 크기별로 분리된다.

4) 단백질 시료 준비

· Sample loading buffer

Components of 5X sample loading buffer	
60mM Tris-Cl (pH6.8)	pH 유지
25% Glycerol	밀도를 높여서 단백질 시료가 가라앉도록 만듦
2% SDS	단백질의 변성 및 음전하 띄게 함
14.4mM 2-mercaptoethanol	단백질의 이황화 결합을 끊어 소단위체로 만듦
0.1% bromophenol blue	전기 영동 정도를 눈으로 확인 할 수 있게 해주는 염색시약

- 단백질은 보통 여러 개의 단위체가 이황화결합 (disulfide bond)으로 결합되어 있다. 머캅토에탄올 (mercaptoethanol) 또는 다이티오트레이톨 (Dithiothreitol, DTT)를 사용하여 이황화결합을 끊어 단위체 단백질을 제조한다.

5) 압축용 젤(Stracking gel)과 분리용 젤(Running gel)을 이용한 SDS-PAGE의 원리

· Stacking gel과 running gel 조성표

Stacking gel (5% gel, 5ml)		Running el (12% gel, 5ml)	
dH_2O	3.4	dH_2O	1.6
30% acrylamide mix	0.83	30% acrylamide mix	2.0
1.0M Tris-Cl(pH 6.8)	0.63	1.5M Tris-Cl(pH 8.8)	1.3
10% SDS	0.05	10% SDS	0.05
10% APS	0.05	10% APS	0.05
TEMED	0.005	TEMED	0.002

- 전기영동 buffer (SDS running buffer) : 25mM Tris-Cl (pH8.3) + 192mM Glycine + 0.1% SDS
- Stacking gel과 running gel의 차이
  - Stacking gel과 running gel은 acrylamide의 함유량과 pH가 다르고, 이 차

이가 두 gel이 다른 역할을 하게 하는 핵심요소이다.

- Sample을 loading한후 전기장을 걸어주면 단백질 및 다양한 이온들이 gel을 이동하게 되는데 이 이온들 중 Cl^-와 glycine 이온이 단백질의 이동에 큰 역할을 한다.

• 압축용 젤 (Stacking gel)

- Glycine 이온은 net charge가 0이 되는 pI 값이 6.2인데 stacking gel의 경우 pH가 6.8이므로 Glycine의 일부가 음전하를 띄게 된다. Cl^-, 단백질, glycine은 모두 음전하를 띄게 되는데 그중 Cl^-는 분자량이 매우 작기 때문에 가장 빨리 내려가게 되고 glycine은 일부만 음전하를 띄기 때문에 이동속도가 가장 느리다
- 따라서 물질들의 이동속도는 Cl^-, 단백질, glycine 순으로 이동하게 된다.
- Stacking gel 상에서 Cl^-와 glycine간의 전기장이 발생하게 된다. 따라서 전기영동으로 인한 전기장 뿐 아니라 Cl^-와 glycine 사이의 전기장이 생김으로 Cl^-와 glycine 사이에 놓인 단백질들은 이동속도가 매우 빨라져 분자량의 차이에 의한 이동속도의 차이가 거의 없어지게 된다.

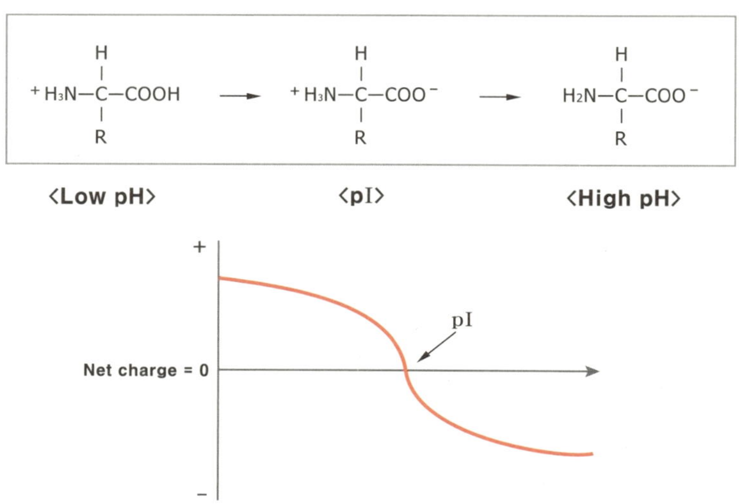

그림 pH에 따른 아미노산의 net charge

- 또한 아크릴아마이드 농도가 낮기 때문에 단백질들은 거의 동일한 속도로 이동하게 되고, running gel에 들어가기 전에 같은 출발선상에 위치하게 된다.

• 분리용 젤 (Running gel)
  - Running gel은 stacking gel과는 달리 pH가 8.8이기 때문에 glycine이 완전히 음전하로 이온화되게 된다.
  - 따라서 이동속도가 Cl^-, glycine, 단백질 순으로 바뀌게 되고 Cl^-와 glycine사이에 형성되었던 high voltage gradient가 거의 사라지게 되고 단백질의 이동속도는 단백질의 분자량에 영향을 받게 된다.
  - 또한 아크릴아마이드의 농도가 높아져 gel 내부의 그물구조가 더욱 촘촘해지고 이로 인해 단백질들의 이동속도차이는 더욱 높아지게 된다.
  - running gel의 아크릴아마이드 농도를 이용하여 단백질의 이동속도를 조절한다. 단백질의 분자량이 큰 경우 아크릴아마이드의 농도를 낮춰서 분자량이 큰 단백질들이 빨리 이동할 수 있게 하고, 분자량이 작은 경우 농도를 높여 단백질들의 이동속도를 낮출 수가 있다.

• SDS-PAGE staining
  - 단백질은 쿠마시블루 R250 (Coomassie Brilliant blue R250)이나 질산화은 (Silver nitrate) 같은 단백질 결합 염료로 염색한다.
  - 쿠마시블루 염색은 0.3-1 mg의 단백질까지 확인 할 수 있으며, 질산화 은 염색은 2-5 ng 정도의 단백질까지 확인 할 수 있다.
  - SDS-PAGE Staining : 1g Brilliant R250 + 450mL Methanol + 100mL Glacial acetic acid + 450mL DW
  - SDS-PAGE Destaining : 300mL Methanol + 100mL Glacial acetic acid + 600mL DW

3. 재료 및 도구

(1)단백질 정량을 위한 재료 및 도구

• 재료 : BSA, 단백질 시료, Bradford 시약

• 도구 : pipet (1000P, 200P, 20P), tip (blue tip, yellow tip), 1.5 ml e-tube, UV-Visspectrophotometer(Ultrospec 3100 pro UV/Visible Spectrophotometer)

(2) SDS-PAGE을 위한 재료 및 도구

· 5X Sample loading buffer

60mM Tris-Cl(pH6.8)	pH 유지
25% Glycerol	밀도를 높여서 단백질 시료가 가라앉도록 만 듬
2% SDS	단백질의 변성 및 음전하 띄게 함
14.4mM 2-mercaptoethanol	단백질의 이황화결합을 끊어 소단위체로 만듬
0.1% bromophenol blue	전기영동 정도를 눈으로 확인 할 수 있게 해주는 염색시약

· SDS-PAGE를 위한 시약

1.5M Tris-HCl, pH8.8	18.17g Trisma base in 100ml D.W and adfust pH with HCl
1M Tris-HCl, pH6.8	12.11g Trisma base in 100ml D.W and adfust pH with HCl
10% SDS	10g/100ml D.W
10% Ammonium persulfate	1g/10ml D.W, fresh prepare
30% acrylamide/bisacrlamide stock solution (291 mix)	29g acrylamide 1g bisacryamide Dissolve in 100ml D.W and filter Store at 4℃ in dark
Running buffer(1X)	0.025M Tris-HCl(pH8.3) 0.192M Glycine 0.1% SDS
Coomassie R250 staining solution	1g Brilliant R250 450ml Methanol 100ml Glacial acetic acid 450ml D.W
Destaining solution	450ml Methanol 100ml Glacial acetic acid 450ml D.W

• 도구 : Comb, gel plate (2판), 고정대, voltexer, 50 ml tube, mini centrifuge, 전기영동 장치, 락앤락통, 핸드타올, pipet (1000P, 200P, 20P), tip (blue tip, yellow tip), 1.5 ml e-tube, heater

4. 실험 방법

(1) 재조합 단백질 정량 (Bradford method)

1) 1.5 ml tube에 다음과 표준 단백질 용액 (BSA)과 미지 단백질 용액 시료를 준비한다.

<table>
<tr><th rowspan="2">시약</th><th colspan="8">시험관 번호</th></tr>
<tr><th>1</th><th>2</th><th>3</th><th>4</th><th>5</th><th>6</th><th>7</th><th>8</th></tr>
<tr><td>1mg/ml BSA</td><td>0 ul (0 ug/ml)</td><td>2 ul (2 ug/ml)</td><td>4 ul (4 ug/ml)</td><td>6 ul (6 ug/ml)</td><td>8 ul (8 ug/ml)</td><td>10 ul (10 ug/ml)</td><td></td><td></td></tr>
<tr><td>미지 시료</td><td></td><td></td><td></td><td></td><td></td><td></td><td>5 ul (? ug/ml)</td><td>10 ul (? ug/ml)</td></tr>
<tr><td>DW</td><td>800 ul</td><td>798 ul</td><td>796 ul</td><td>794 ul</td><td>792 ul</td><td>790 ul</td><td>795 ul</td><td>790 ul</td></tr>
</table>

2) 각 tube에 5x Bradford solution을 200 ul씩 넣어 최종 1X가 되도록 한 후, 바로 vortexing 한다.

3) 5 ~ 30분 사이에 595 nm에서 흡광도를 측정한다.

4) 측정한 흡광도 값을 사용하여 Excel로 Standard curve를 그려보고 수식을 만든다.

5) standard curve를 이용하여 미지 시료의 단백질량을 계산한다.

예) Strandard curve : Bradford method

BSA (ug)	OD 595
0	0
5	0.252
7.5	0.373
10	0.461
12.5	0.633
15	0.727

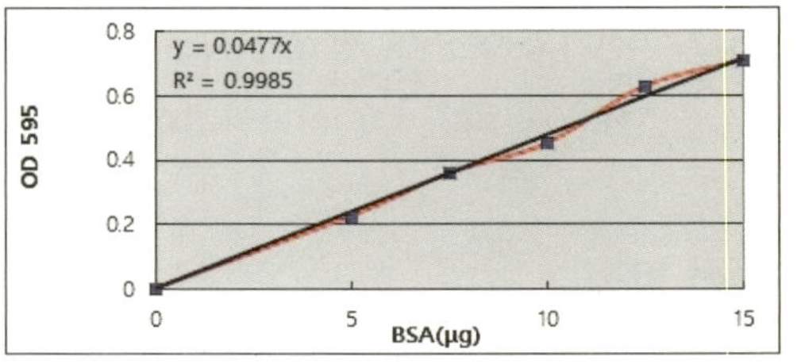

그림 Bradford assay 표준곡선 그리기

(2) SDS-PAGE를 이용한 β-galactosidase의 발현률 검증

1) Sample 준비

① 8 ul 단백질 시료와 5xSDS-loading dye 2 ul를 섞어 약 5분간 끓인다.

② Centrifugation해서 spin down 시킨다.

2) SDS-PAGE를 위한 gel의 준비

 # 안전과 오염방지를 위해서 poly-glove를 착용!!

① Gel kit를 조립한다.

② acrylamide의 농도를 선택하고 Running gel 용액을 만든 후 pipetting하여 바로 Gel kit에 넣는다.

③ Isopropanol이나 DW 또는 70% ethanol를 위에 넣어준다.

* Running gel의 윗표면을 일정하게 해주는 효과와 공기를 차단하여 gel이 일정하게 중합되게 하기 위함이다.

④ Gel이 다 굳으면 물로 깨끗이 씻어준 뒤, Comb을 꼽고 stacking gel 용액을 만들어 넣는다.

⑤ Gel이 다 굳으면 Gel에서 comb를 뽑고 잘 분리한다.

⑥ 전기 영동 장치에 gel을 설치하고 SDS-running buffer를 채워준다.

⑦ Pipet을 이용해서 well에 sample을 가한다.

* Acrylamide와 bisacrylamide는 피부로 흡수되어 매우 강력한 신경독성을 나

타내므로 무게를 잴 때는 장갑과 마스크를 착용하고, gel를 만들때는 장갑을 착용함. 굳은 polyacrylamide는 무래하다고 여겨지지만 polymer형성이 안 되 acrylamide 또는 bisacrylamide monomer가 남아 있을 수 있으므로 주의한다.

3) Gel loading

① Gel에서 comb를 뽑고, 잘 분리한다.

② 전기 영동 장치에 gel을 설치하고 SDS-running buffer를 채워준다.

③ Pipet을 이용해서 well에 sample을 가한다.

4) Gel running

① 전기영동 기구를 전원에 연결시킨 후, 160 V, 60 min으로 설정한다.

② 이동지표인 bromophenol blue가 gel의 끝부분에 도달하면 전원을 끄고 전기영동 장치로부터 유리판을 분리한다.

5) Staining

① 전기 영동이 끝난 gel을 running gel 부분만 잘 분리한다.

② Staining solution에 넣어 20min간 염색한다.

6) Destaining : Destaining solution에 gel을 넣고 탈색한다.

* Staining 및 destaining 용액에는 과량의 methanol이 함유되어 있으므로 뚜껑을 잘 닫아주지 않을 경우 methanol이 증발하여 염색이 잘 되지 않을 뿐아니라 gel의 크기가 커진다.

실험 3 재조합 단백질 정제

1. 실험의 목적

단백질 정제법에 관해 이해하고, 분리하고자 하는 재조합 단백질의 특성에 따른 Affinity chromatography의 개념을 이해하고 Ni-NTA column을 사용하여 재조합 단백질을 분리 정제한다.

2. 실험의 원리

(1) Chromatography

1) Chromatography란 다양한 혼합물이 분리관(column)의 고정상(stationary phase)과 이동상(mobile phase)을 통하여 이동하면서 시료가 고정상과 이동상 사이의 분배작용, 흡착작용, 이온교환, 및 크기 차이에 의한 배제작용 등의 물리적 및 화학적 작용을 통하여 각각의 단일성분으로 분리되는 현상으로 물질의 분리, 정성, 정량 혹은 정제 등에 이용된다.

2) Chromatography의 종류

- 정지상의 형태에 따른 분류
  - 판 크로마토그래피(Planar Chromatography)는 정지상을 얇은 판 위에 입히거나 거름종이를 사용하는 방법이다.
  - 컬럼 크로마토그래피(Column Chromatography)는 정지상을 컬럼에 넣고 용리하는 방법이다.
- 이동상에 따른 분류
  - 기체 크로마토그래피(Gas Chromatography: GC)
  - 액체 크로마토그래피(Liquid Chromatography:LC)

(2) Column chromatography

1) Column은 유리관(column)과 같은 원기둥 모양의 관에 산화알루미늄이나 이온교환

수지와 같은 고정상을 충전한 것이다.

2) 고정상이 충전된 column 위에 중력을 이용하여 이동상을 흘려주는 실험장치로 연속적으로 이동상을 흘려주면서 단백질 시료를 column에 넣어주면 시료를 포함하는 이동상이 점차 column 아래로 이동하면서 새로운 분배가 일어나며 시료를 분리 · 정제하게된다.

(3) Column chromatography의 종류

1) 흡착크로마토그래피(adsorption chromatography)

- 화합물이 고정상 표면에 흡착되는 정도의 차이를 이용한 물질의 분리 · 정제 방법이다.

2) 겔 여과 크로마토그래피 (gel filtration chromatography)

- 분자량의 크기에 따라 시료를 분리하거나 분자량을 구할 때 사용하는 방법이다.
- 고정상으로 고분자 입자나 실리카 켈을 사용하고, 일정한 크기의 구멍을 갖는 삼차원적 네트웍을 이룬 구조를 갖는다.
- 각종의 시료 분자가 고정상의 그물 구조를 통과하는 속도의 차이에 의해 분리한다.
- 고정상의 그물구조에 들어가지 않는 커다란 분자는 가장 빨리 column 을 통과하고, 작은 분자는 고정상의 작은 구멍을 통과해야 하므로 천천히 column 내를 이동하게 된다. 따라서 분자는 분자량이 큰 것부터 순서적으로 용출된다.

3) 이온교환 크로마토그래피(ion exchange chromatography)

- 이온교환 크로마토그래피는 단백질이 갖는 각각의 총 전하의 차이를 이용하여 목적 단백질과 반대의 하전기를 갖는 담체에 정전기적으로 결합시켜 분리 · 정제하는 방법이다.
- 이온 교환체와 단백질간의 흡착은 이동상의 pH와 이온강도에 크게 의존함. 따라서 이온교환 크로마토그래피를 사용하여 단백질을 효율적으로 분리하기 위해서 이동상의 종류 및 pH등 목적 단백질을 column에 흡착시키는 이동상의 조건과 흡착된 단백질을 용출하기 위한 염농도 등의 조건을 정확하게 파악해 둘 필요가 있다.

4) 친화성 크로마토그래피(Affinity chromatography)

- 특정한 단백질에 잘 결합하는 리간드(ligand)를 이용하여 단백질을 분리하는 방법이다.

- 특정 단백질을 리간드가 결합한 수지로 채운 컬럼에 흘려주면 단백질과 리간드 사이의 친화력에 의해서 붙게 되는데 이때 다른 단백질들은 결합력이 없으므로 흘러내려 간다. 이후 높은 농도의 리간드를 컬럼에 부어 흘려주면 수지에 결합한 특정 단백질이 떨어져 나오며 분리 정제가 이루어진다.
- 융합단백질의 종류와 용출 조건

종류	크기	리간드	용출조건
Histidine taq	6개 His	Ni2+-NTA	이미다졸
MBP (Maltose binding protein)	40 kDa	아밀로오스	말토오스
GST (Glutathione S-transferase)	25 kDa	글루타티온	글루타티온

- Histidine taq은 융합단백질 중 가장 작으며 가장 유용하게 쓰이고 있다. Histidine taq은 금속이온과 배위결합 (coordination)으로 매우 강하게 결합할 수 있으므로 단백질 분리 정제에 유용하게 쓰인다. Histidine taq의 6개의 histidine 중 2개의 histidine당 1개의 니켈이온($Ni2^{+}$)이 공유결합으로 붙어 있는 nitriloacetic acid (NTA)가 결합된 친화성 크로마토그래피 수지 (affinity chromatography resin)와 강한 이온결합을 하게되고, 이 결합은 약 250 mM 농도의 이미다졸 (imidazole)에 의해 분리된다. 이와 같은 원리를 이용하여 Histidine taq이 융합된 형태의 재조합 단백질을 대장균에서 발현시킨 후, 재조합 단백질을 Ni^{2+}-NTA 수지가 들어있는 column에 넣어 주고 결합하지 않은 단백질은 씻어 낸 후, 이미다졸이 든 용액을 흘려주면서 결합된 단백질을 분리 정제한다.

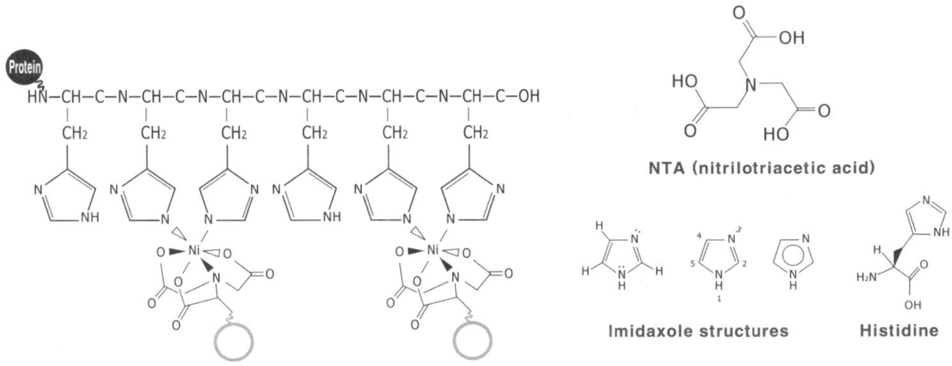

그림 Histidine taq을 사용한 단백질 정제의 원리

- glutathione S-transferase(GST)와 융합된 단백질은 환원된 글루타티온과 강하게 결합한다. GST와 융합된 형태의 단백질을 대장균에서 발현시켜 글루타티온이 결합한 세파로스(glutathione-conjugated sepharose)가든 column에 넣어 주고 결합하지 않는 단백질은 모두 다 씻어 낸 다음 환원된 글루타티온이 든 용액을 흘려주면서 결합된 단백질을 용출한다.
- 효소, 항원, 특이적 핵산, 비타민 결합 단백질, 약, 호르몬 수용체 같은 물질을 순수 분리할 때 자주 이용된다.

3. 재료 및 도구

- Column : Nickel-NTA column
- Binding Buffer : PBS, pH 7.4
- Wash Buffer : PBS, pH 7.4, 75 mM imidazole
- Elution Buffer : PBS, pH 7.4, 250 mM imidazole

4. 실험 방법

(1) Nickel-NTA column의 제작

1) 3ml Nickel-NTA resin을 beaker에 놓고 약 20 ml의 증류수에 현탁하고 실온에

서 약 15분간 방치한다.

2) 가라 앉은 resin 위의 물을 따라 버린다. 이러한 washing 조작을 두번 반복한다.

3) 상기의 resin에 20 ml의 Binding buffer 를 첨가하여 현탁하고 실온에서 약 15분간 방치한다.

4) 가라 앉은 resin 위의 buffer를 버린다. 이러한 조작을 두번 반복한다.

5) 상기의 resin에 10 ml binding buffer를 첨가한 후 column에 흘려주어 충진한다.

6) 3 bed 용적의 binding buffer로 평형화한다.

(2) Nickel-NTA column을 사용한 단백질의 정제

1) Pipette을 이용하여 약 10 ml의 조추출액을 준비된 column에 첨가한다.

2) 조추출액이 전부 column에 들어간 후 column의 5 bed 용적의 Binding buffer를 흘려서 씻어준다.

3) 염을 제거하기 위하여 column의 5 bed 용적의 Wash buffer를 흘려서 씻어준다.

4) 5 bed 용적의 elution buffer로 흡착된 단백질을 용출한다.

5) 얻어진 분획은 SDS-PAGE에 의한 분석과 활성을 측정한다.

실험 4 재조합 단백질의 특성: β-galactosidase 활성 측정 및 특성 연구

1. 실험의 목적

Lactose를 Galactose와 Glucose로 분해하는 β-galactosidase효소에 대한 활성을 O-nitrophenyl-β-galactoside (ONPG)을 사용하여 측정하여 본다.

2. 실험의 원리

(1) β-galactosidase

1) Lactose를 Galactose와 Glucose로 분해하는 젖당분해효소이다.

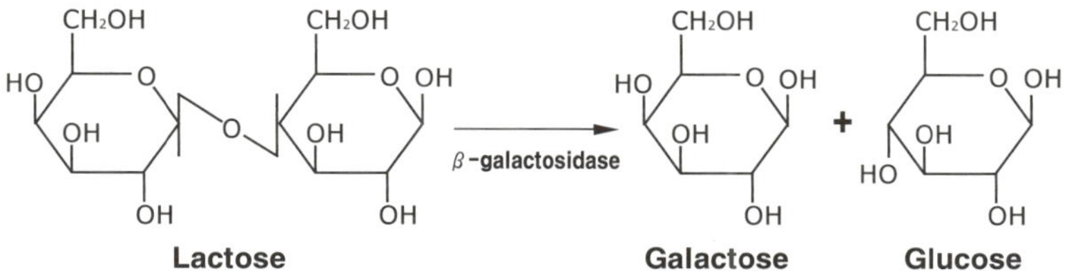

그림 β-galactosidase assay 원리

(2) β-galactosidase의 활성 측정 방법

1) 기질로 O-nitrophenyl-β-galactoside (ONPG)를 사용하면 ONPG가 β-galactosidase에 의하여 분해되어 O-Nitrophenol (ONP)가 생산된다. 이 ONP는 alkali 조건에서 노란색을 띄므로 생산된 ONP를 420nm에서 측정하여 β-galactosidase 활성을 정량한다.

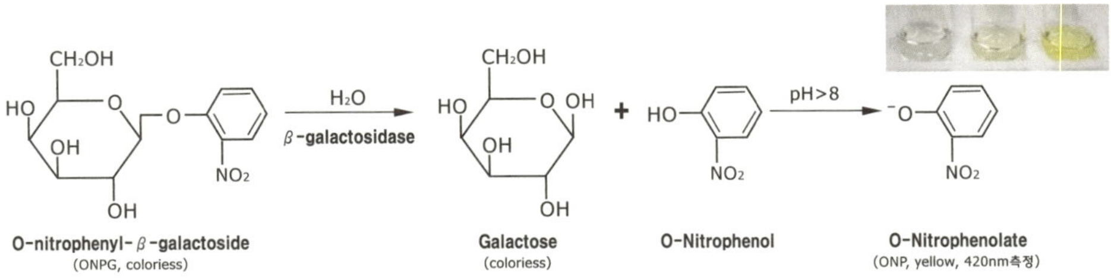

그림 ONPG를 사용한 β-galactosidase 활성 측정 원리

(3) 효소활성 (Activity, Unit)

효소의 최적 조건에서 1분당 1 μmol의 기질을 변환시키는 효소의 양을 의미한다.

(4) 비활성 (Specific acitivity, Unit/mg)

1) 단백질 mg당 효소의 활성
2) 단백질 농도 (mg/ml) : Bradeford 방법을 사용하여 정량
3) 비활성 (unit/mg)은 활성측정을 위해 사용한 total protein (mg)의 질량을 구하여 total activity (unit)를 나누어준 값
4) Specific acitivity (Unit/mg) = Total activity (unit) / Total protein (mg)

3. 재료 및 도구

- 재료 : 단백질 시료 (β-galactosidase), O-nitrophenyl-β-galactoside (ONPG), 0.1 M sodiumphosphate buffer (pH 7.7), 증류수, Na_2CO_3
- 도구 : 1.5 ml eppendorf tube, water bath, UV-Vis spectrophotometer (Ultrospec 3100 pro UV/Visible Spectrophotometer)

4. 실험 방법

1) 1.5 ml tube에 다음과 같이 반응 시료를 준비한다.

2.5 mM ONPG	0.1 ~ 0.5 ml
0.1 M sodiumphosphate buffer (pH 7.7)	4 ml
D.W	0.4 ~ 0.0 ml
Cell-free extract	0.5 min
total volume	5 ml

2) Cell-free extract를 제외한 나머지 용액을 위 표와 같이 각각 tube에 넣은 후 30℃ water bath에서 5분간 pre-incubation한다.

3) Pre-incubation한 tube에 cell-free extract를 0.5 ml 첨가한 후 재빨리 흔들어 반응을 시작한다.

4) 1분 간격으로 5분간 tube에서 용액을 0.8 ml씩 따서 0.2 ml Na_2CO_3가 담겨있는 e-tube로 옮겨 mix하여 반응을 종결한다.

5) 남은 용액은 30℃ water bath에서 20분 이상 완전히 반응시킨 후 420 nm에서 흡광도를 측정한다.

6) β-galactosidase의 활성을 계산한다.

❖ Total activity (unit) = Vmax X total volume of solution (1 unit = 1 umol/min)

❖ Specific activity (unit/mg) = total activity (unit) ÷ total protein (mg)

생화학 및 분자생물학 실험서
원핵세포 유전자 클로닝 입문

초판 발행	2022년 2월 28일
개정판 발행	2023년 2월 24일
저 자	성문희, 곽미선, 이인형, 박용철, 오상택, 이영석, 서주현, 조현열, 곽수량
발 행 인	임 홍 재
발 행 처	국민대학교 출판부
주 소	서울특별시 성북구 정릉로 77
전 화	02-910-4242
팩 스	02-910-4240
등 록	1975년 6월 17일 제6-33호
인 쇄	동방인쇄공사

ISBN 978-89-7812-515-4 (93470) 가격 15,000원
*잘못된 책은 교환해 드립니다.